工业和信息化"十三五"
高职高专人才培养规划教材

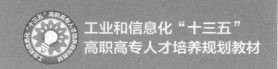

PHP

动态网站开发｜项目教程

PHP Dynamic Web Development

牟奇春 汪剑 ◎ 主编

钟丽 谢菁 郭峰 ◎ 副主编

人民邮电出版社

北　京

图书在版编目（CIP）数据

PHP动态网站开发项目教程 / 牟奇春，汪剑主编. --
北京：人民邮电出版社，2017.1（2021.3重印）
工业和信息化"十三五"高职高专人才培养规划教材
ISBN 978-7-115-43052-6

Ⅰ. ①P… Ⅱ. ①牟… ②汪… Ⅲ. ①网页制作工具—
PHP语言—程序设计—高等职业教育—教材 Ⅳ.
①TP393.092②TP312

中国版本图书馆CIP数据核字(2016)第158436号

内 容 提 要

PHP功能强大且简单易学，是众多 Web 开发技术人员的首选脚本语言之一。本书在编写上注重基础、循序渐进，系统地讲述 PHP Web 开发的相关知识。全书共分 10 个项目，项目一 ～ 项目八为基础部分，涵盖 PHP 基础概述、PHP 编程基础、数组与字符串、PHP 函数、面向对象编程、文件操作、客户端数据处理和数据库操作等内容。项目九、项目十为具体案例，讲述如何应用 PHP 知识进行具体 Web 站点开发。

本书内容丰富、讲解详细，适用于初、中级 PHP 用户，可用作各类院校相关专业教材，同时也可作为 PHP 爱好者的参考书。

◆ 主　　编　牟奇春　汪　剑
　　副主编　钟　丽　谢　菁　郭　峰
　　责任编辑　马小霞
　　责任印制　焦志炜

◆ 人民邮电出版社出版发行　　北京市丰台区成寿寺路 11 号
　　邮编　100164　　电子邮件　315@ptpress.com.cn
　　网址　http://www.ptpress.com.cn
　　三河市祥达印刷包装有限公司印刷

◆ 开本：787×1092　1/16
　　印张：16　　　　　　　　　2017 年 1 月第 1 版
　　字数：410 千字　　　　　　2021 年 3 月河北第 12 次印刷

定价：39.80 元
读者服务热线：(010)81055256　印装质量热线：(010)81055316
反盗版热线：(010)81055315

前 言 PREFACE

PHP 因其功能强大、简单易学、开发成本低廉，已成为深受广大 Web 应用开发人员喜爱的开发语言之一。

本书针对高职高专教育特点编排和组织内容，读者能够在短时间内掌握使用 PHP 开发动态网站的常用技术和方法。本书以"基础为主、实用为先、专业结合"为基本原则，在讲解 PHP 技术知识的同时，力求结合项目实际，使读者能够理论联系实际，轻松掌握 PHP Web 应用开发技术。

本书具有以下特点。

- **入门条件低**

读者无需太多技术基础，跟随书中教程即可轻松掌握数据库设计、Web 网站开发的相关技术。

- **学习成本低**

本书在构建开发环境时，选择了读者使用最为广泛的 Windows 操作系统、免费的 MySQL 数据库以及免费的 NetBeans 集成开发环境，且使用系统自带 IIS 作为 Web 服务器。

- **内容编排精心设计**

本书内容编排并不求全、求深，而是考虑高职学生的接受能力，选择 PHP 中必备、实用的知识进行讲解。各种知识和配套实例循序渐进、环环相扣，逐步涉及实际案例的各个方面。

- **强调理论与实践结合**

书中每个知识点都尽量安排一个短小、完整的实例，方便教师教学，也方便学生学习。

- **配有丰富实用的课后习题**

每章均准备一定数量的习题，方便教师安排作业，也方便学生通过练习巩固所学知识。

- **提供完整的学习必备资源**

为了方便教学，我们还提供了书中所有实例代码、数据库文件及习题参考答案，请登录 www.ryjiaoyu.com 下载。本书源代码可在学习过程中直接使用，参考相关章节进行配置即可。

本书作为教材使用时，课堂教学建议安排 72 学时，实验教学建议 72 学时。各种主要内容和学时安排如下表所示，教师可根据实际情况进行调整。

章节	主要内容	课堂学时	实验学时
项目一	认识 Web 应用程序、PHP 发展历史和特点、IIS 环境中 PHP 的安装和配置、PHP 集成开发工具的安装和使用	2	2
项目二	PHP 代码规范、常量与变量、运算符与表达式、程序流程控制	4	4
项目三	数组操作函数、字符串操作函数	4	4
项目四	自定义函数、函数与变量作用范围、函数参数传递、递归函数	4	4
项目五	类的定义和使用、类的继承、常用类的操作	8	8

（续表）

章节	主要内容	课堂学时	实验学时
项目六	文件操作、目录操作、文件上传	4	4
项目七	客户端数据提交方法、Form 表单、会话控制、AJAX	8	8
项目八	NetBeans 中的 MySQL 数据库操作、用 PDO 创建 MySQL 数据库	10	10
项目九	具体案例：实现网站典型的用户管理系统	12	12
项目十	具体案例：在线图书商城	16	16

　　本书由成都职业技术学院牟奇春和汪剑主编，钟丽、谢菁和郭峰副主编。其中，项目一和项目二由汪剑编写，项目三、项目四和项目五由谢菁编写，项目六由钟丽和郭峰编写，项目七、项目八、项目九和项目十由牟奇春编写。由于作者水平有限，书中难免存在不妥之处，敬请广大读者批评指正。

编　者

2016 年 7 月

目 录 CONTENTS

PART 1 项目一 第一个 PHP 网页

　　在众多的网页脚本中，PHP 以其自身简单易学、跨平台、成本低廉等诸多优点成为初学者与网站开发人员的首选。随着 Web 2.0 时代的到来，各种应用的普遍网络化，为 PHP 提供了更为宽阔的发展前景。学习 PHP，应了解 Web 应用程序的基本概念、了解 PHP 的发展历史和特点，并掌握如何使用集成开发工具创建 PHP Web 应用程序的方法，以及如何在 Web 服务器中进行配置发布。

项目要点

- 认识 Web 应用程序
- 认识 PHP
- PHP 开发环境配置

具体要求

- 了解 Web 应用程序的基本概念
- 了解 PHP 的发展历史和特点
- 掌握 IIS 环境中 PHP Web 应用程序的配置
- 掌握在 NetBeans IDE 中创建 PHP 项目的具体步骤

1.1　项目目标

　　通过实例掌握在 NetBeans 环境下创建 PHP 项目的方法，熟悉 IIS 中 PHP 相关配置，实现图 1.1 所示的网页。（源代码：\chapter1\example\myfirstphp\）

图 1.1　项目实现的 PHP 网页

1.2 相关知识

1.2.1 认识 Web 应用程序

在 Web 2.0 时代，网站往往被技术人员称为 Web 应用程序。随着网络技术的不断完善和发展，网站的设计开发和桌面应用程序的开发越来越接近。传统桌面应用程序完成的业务也越来越多地迁移至网络环境，通过 Web 应用程序来完成，如 OA（办公自动化系统）、在线学习系统、教务管理系统等。

1．Web 应用程序的工作原理

Web 应用程序是一种典型的 B/S（Brower/Server，浏览器/服务器）结构，如图 1.2 所示。客户访问网站使用的浏览器称为客户端。Web 应用程序包含的所有网页以及相关资源保存于 Web 服务器，Web 应用程序的数据也可使用专门的数据库服务器进行存放和管理。

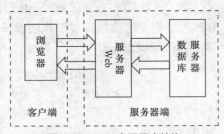

图 1.2 Web 应用程序结构

当用户在浏览器中输入一个网址（URL）（如 http://localhost/test.php），请求访问时，该请求被封装为一个 HTTP 请求，通过网络传递给 Web 服务器。Web 服务器处理接收到的 HTTP 请求，将处理结果以 HTML 格式返回给客户端浏览器。如果在处理 HTTP 请求时需要访问数据库，Web 服务器会将相关数据请求提交给数据库服务器，由数据库服务器处理数据访问请求，并将处理结果返回 Web 服务器。Web 服务器将相应的数据处理结果返回客户端。

📖 提示：

在浏览器中选择"查看/源文件"命令所看到的代码，便是 Web 服务器返回浏览器的一个 HTTP 请求 HTML 格式的响应结果。

2．Web 应用程序客户端技术

Web 应用程序客户端技术主要涉及浏览器、HTML/XHTML、XML、CSS、脚本语言等。

（1）浏览器

浏览器作为网页在客户端的访问工具，负责解析网页中的 HTML/XHTML、CSS 和脚本语言等内容，并将最终结果显示在浏览器中呈现给用户。国内常见的浏览器有：IE（Internet Explorer）、Firefox、Safari、Opera、Google Chrome、QQ 浏览器、百度浏览器、搜狗浏览器、猎豹浏览器、360 浏览器、UC 浏览器、傲游浏览器和世界之窗浏览器等。不同浏览器对 HTML 的支持略有不同，编写 HTML 文档时应注意不同浏览器之间的兼容问题。

（2）HTML

HTML（HyperText Markup Language）即超文本标记语言。早期的网页就是一个个 HTML 文件，HTML 文件扩展名为.htm 或.html，该文件为一个纯文本文件，它使用各种预定义的标

记（tag）来标识文档的结构、文字、段落、表格、图片和超级链接等信息，浏览器负责解释各种标记以何种方式展示给用户。

例 1.1　一个简单的 HTML 文件如下。（源代码：\chapter1\t1\test1.html）

```
<html>
  <head>
    <title>这是标题</title>
  </head>
  <body>
    这是一个简单的 HTML 文档。<br>
    单击下面的图片链接，访问在线 Web 技术免费教学网站 w3school。<br>
    <a href="http://www.w3school.com.cn">
      <img src="w3.jpg" width="139" height="22" alt="w3school">
    </a>
  </body>
</html>
```

HTML 文件可以使用浏览器直接打开以查看显示结果。上面的 HTML 文件在 IE 浏览器中的显示结果如图 1.3 所示。

图 1.3　一个简单的 HTML 文件

 提示：

推荐一个免费的 Web 技术学习网站: http://www.w3school.com.cn，该网站包括大部分 Web 开发技术，如 HTML/HTML5、CSS/CSS3、XML、TCP/IP、JavaScript、VBScript、JQuery、JSon、SQL、PHP、ASP 和 ASP.NET 等。

（3）XHTML

XHTML（Extensible HyperText Markup Language）即可扩展超文本标记语言，以 HTML 为基础，与 HTML 相似，但语法更加严谨。比如，前面的例子使用了
标记在页面中实现换行。XHTML 要求所有标记有结束标记，如<a>的结束标记为</a>。XHTML 中的换行标记应该加上标记结束符号，为
。

HTML 语法要求比较松散，网页开发人员使用起来比较灵活。但对机器而言，语法松散意味着处理难度增大。对于资源有限的设备（如手机），处理难度会更大。因此产生了由 DTD 定义规则，语法要求更加严格的 XHTML。大部分常见的浏览器都可以正确地解析 XHTML，几乎所有的网页浏览器在正确解析 HTML 的同时，可兼容 XHTML。

（4）XML

XML 是 Extensible Markup Language 的缩写，表示为可扩展标记语言，是一种用于标记电子文档，使其数据具有结构化的标记语言。XML 与 HTML 可以算得上是一对孪生兄弟，它们都由 SGML（Standard Generalized Markup Language，标准通用标记语言）发展而来。

HTML 使用预定义的标记来告诉浏览器如何显示标记的内容。而 XML 的目的在于组织数据，使文档中的数据组织更加规范，便于在不同应用程序、不同平台之间交换数据。

XML 使用文档作为定义的标记来组织数据，如何解释标记由用户决定。XML 文件是一个纯文本文件，便于网络传输。越来越多的应用程序使用 XML 文件来保存数据，如 Java、微软的.NET 平台、各种 Web 服务器（IIS、Apache、Tomcat 等）和各种数据库服务器（MySQL、SQL Server、Oracle 等），均使用 XML 来保存相应的配置信息。

例 1.2　一个 IIS Web 网站配置文件 web.config 如下。（源代码：\chapter1\t3\web.config）

```xml
<?xml version="1.0" encoding="UTF-8"?>
<configuration>
    <system.webServer>
        <defaultDocument>
            <files>
                <add value="index.php" />
            </files>
        </defaultDocument>
    </system.webServer>
</configuration>
```

上述代码中，文件开头的<?xml>标记表示这是一个 XML 文件，其 version 属性说明了 XML 版本号。这是一个 IIS Web 网站的配置文件，它为网站指定了默认文档为 index.php。可以使用浏览器直接打开 XML 文件，查看其中的数据组织结构，如图 1.4 所示。

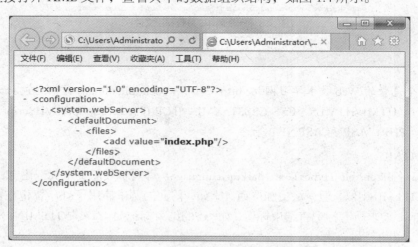

图 1.4　在浏览器中查看 XML 文件

（5）CSS

CSS（Cascading Style Sheets）即层叠样式表，也称级联样式表。在 HTML 中，各种预定义的标记只能简单组织页面结构和内容，CSS 则进一步通过样式来决定浏览器如何精确控制

HTML 标记的显示，如字体、颜色、背景和其他效果。

目前，大多数主流浏览器均支持 CSS，其最新版本为 CSS 3。

例 1.3　为例 1.1 中的 HTML 添加样式。（源代码：\chapter1\t3\test3.html）

```html
<html>
  <head>
    <title>这是标题</title>
    <style type="text/css">
      body {font-family:隶书;}
    </style>
  </head>
  <body>
    这是一个简单的 HTML 文档。<br>
    单击下面的图片链接，访问在线 Web 技术免费教学网站 w3school。<br>
    <a href="http://www.w3school.com.cn" style="border-style:solid;border-width:5px;">
      <img src="w3.jpg" width="139" height="22" alt="w3school">
    </a>
  </body>
</html>
```

上面的 HTML 文件中，使用<style>标记定义了一个内部样式表，该样式表 body 标记内容的字体定义为"隶书"，即使用隶书字体显示 body 内容的文本。在<a>标记中，用 style 属性为超链接定义了一个内联样式，并为超链接添加一个边框。上面的 HTML 文件在 IE 中显示结果如图 1.5 所示。

图 1.5　添加了 CSS 样式的 HTML 文件

（6）客户端脚本语言

客户端脚本语言通过编程为 HTML 页面添加动态内容，与用户完成交互。HTML 页面中包含的脚本语言代码称为脚本。脚本可以嵌入 HTML 文档中，也可存储在独立的计算机文件中，使用时包含到 HTML 文档中即可。包含了脚本的 HTML 通常称为动态网页，即 DHTML（Dynamic HTML，动态 HTML）。

常见的客户端脚本语言包括 JavaScript、VBScript、Jscript 和 Applet 等，其中 JavaScript 和 VBScript 使用最为广泛。

JavaScript 和 Java 没有直接关系，它由 Netscape 公司开发，并在 Netscape Navigator（网景浏览器）中实现。目前，网景浏览器因为技术竞争的原因已经退出了市场，但 JavaScript 却以顽强的生命力生存下来，并成为最受 Web 开发人员欢迎的客户端脚本语言。

因为技术原因，微软推出了 JScript，CEnvi 推出了 ScriptEase，它们与 JavaScript 一样，可

在浏览器上运行。为了统一规格，且 JavaScript 兼容于 ECMA 标准，因此，JavaScript 也称为ECMAScript。

VBScript 是 Visual Basic Script 的简称，即 Visual Basic 脚本语言，有时也缩写为 VBS，它是微软的 Visual Basic 语言的子集。使用 VBScript，可通过 Windows 脚本宿主调用 COM，所以可以使用部分 Windows 操作系统的程序库。VBScript 是 IIS 的默认源程序语言。

例 1.4　在 HTML 中使用 JavaScript 脚本显示对话框，代码如下。（源代码：\chapter1\t4\test4.html）

```html
<html>
    <head>
        <meta http-equiv="Content-Type" content="text/html; charset=utf-8" />
        <script type="text/javascript">
            function showdialog(){
                var ok=confirm("请单击一个按钮!");
                if (ok==true){
                    alert("你单击了"确定"按钮! ");
                }else{
                    alert("你单击了"取消"按钮! ");
                }
            }
        </script>
    </head>
    <body>
    <input type="button" onclick="showdialog()">单击按钮测试 JavaScript 脚本</input>
    </body>
</html>
```

上面的 HTML 文件在 IE 中显示的结果如图 1.6 所示。打开 HTML 文件后，在页面中单击 [单击按钮测试JavaScript脚本] 按钮，会打开图 1.7 所示的对话框，提示"请单击一个按钮"，此时可单击对话框中的 [确定] 或 [取消] 按钮。

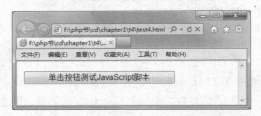

图 1.6　在 HTML 中使用 JavaScript 脚本显示对话框

图 1.7　JavaScript 对话框

3．Web 服务器

Web 服务器即 WWW（World Wide Web，万维网）服务器，是网络服务器计算机中的一种应用程序，用于提供 WWW 服务。WWW 服务即通过互联网为用户提供各种网页。网页是网站的基本信息单位，它通常由文字、图片、动画和声音等多种媒体信息以及链接组成，用 HTML 编写，通过链接实现与其他网页或网站的关联和跳转。一个网站的所有网页和相关资源都需要上传到 Web 服务器所在的网络服务器计算机中，保存在 Web 服务器管理的目录。Web 服务器中的每个网页都有一个 URL（Uniform Resource Locator，统一资源定位符），用户在客户端的浏览器地址栏中输入 URL 或其他页面的 URL 超级链接可以访问网页。

万维网由 Web 客户端浏览器、Web 服务器和网页资源组成。用户访问网络时，客户端浏览器和 Web 服务器之间通过 HTTP（HyperText Transfer Protocol，超文本传输协议）完成信息的交换。当用户在浏览器中访问网页时，首先由浏览器向 Web 服务器发出请求，建立与服务器的连接。然后用户请求被封装在一个 HTTP 包中传递给 Web 服务器，Web 服务器解析收到的 HTTP 请求数据包，给客户端返回一个 HTTP 响应。

如果用户请求访问的是一个 HTML 文件，这个 HTML 文件会直接作为 HTTP 响应返回；如果用户请求访问的是一个服务器端脚本文件，如 PHP、JSP 或 ASP .NET 文件，该脚本会被传递给响应的处理程序进行处理，处理的结果最后会产生一个 HTML 文件返回客户端。常用的 Web 服务器有 IIS、Apache、Nginx、Tomcat 及 Weblogic 等。

4．数据库服务器、数据库管理系统

目前各种网站都会使用到数据库，而各种业务逻辑的本质几乎都涉及数据处理。为了高效并安全地处理大量数据，必须使用数据库管理系统。SQLite 和 Access 等轻量级数据库可以直接访问，而 Oracle、MS SQL Server 和 MySQL 等大中型数据库则需要配置数据库服务器，由服务器内置的管理系统负责数据的建立、更新和维护。

如果网页中包含了数据请求，数据请求由 Web 服务器提交给数据库服务器，数据库负责完成数据请求的处理，将处理结果返回给 Web 服务器，Web 服务器将最终处理结果封装在 HTML 文件中返回给用户。

5．Web 服务器端编程技术

Web 服务器端编程技术种类很多，常用的有 Microsoft 的 ASP/ASP.NET、Sun 的 JSP（Sun 公司于 2010 年被 Oracle 收购，但不少技术人员仍习惯认为 Java 习惯技术属于 Sun）和 Zend 的 PHP。

（1）ASP/ASP.NET

ASP/ASP.NET 是由 Microsoft 推出的 Web 服务器端编程技术，通常采用 Windows 服务器 +IIS+SQL Server+ASP/ASP.NET 组合进行 Web 应用程序开发，所有技术均是 Microsoft 产品，因此兼容性较好、安装使用方便，配置要求低。同时，Microsoft 提供了大量的文档和强大的开发工具。基于 Microsoft 技术的庞大用户群，ASP/ASP.NET 受到大量 Web 开发人员的支持。Microsoft 相关技术都是商业软件，这也导致了网站建设客观成本比较高。Microsoft 相关技术的跨平台局限性也导致了 ASP/ASP.NET 只能用于 Windows 环境。

（2）JSP

JSP（Java Server Pages）是 Java 在 Web 应用程序开发中的应用，与 ASP 类似，JSP 通过在 HTML 文件中插入 Java 代码来实现业务逻辑。其中 HTML 文件称为 JSP 文件，扩展名为.jsp。JSP 文件在服务器端被处理，转换为 HTML 文件返回客户端。

借助于 Java 的跨平台特性，JSP 开发的 Web 应用程序同样具有跨平台特点，既可在 UNIX、Linux 系统中部署，也可在 Windows 系统中部署。

（3）PHP

PHP 是一种免费、开源的 Web 开发技术，它通常与 Linux、Apache 和 MySQL 等开源软件自由组合，形成了一个简单、安全、低成本、开发速度快和部署灵活的开发平台。PHP 是本书的学习内容，在后面的章节中将详细介绍。

1.2.2　认识 PHP

PHP 早期为 Personal Home Page 的缩写，即个人主页，现已经正式更名为"PHP：Hypertext Preprocessor"，即超文本预处理器。注意，PHP 并不是"Hypertext Preprocessor"的缩写，这种在定义中包含名称的命名方法称作"递归缩写"。

PHP 是一种跨平台、服务器端、可嵌入 HTML 文件的脚本语言。每一版本的 PHP 均提供了 UNIX/Linux 和 Windows 两种版本，所以 PHP 开发的 Web 应用程序可部署在 UNIX、Linux 和 Windows 操作系统之中的 Web 服务器上。嵌入了 PHP 代码的 HTML 文件称为 PHP 文件，扩展名通常为.php。PHP 文件在 Web 服务器中被解析，根据用户需求动态生成 HTML 文件。

1．PHP 发展历史

1994 年，Rasmus Lerdorf 为了更加便捷地开发和维护自己的个人网页，用 C 语言开发了一些 CGII 具程式集，来取代原先使用的 Perl 程式。最初这些工具程式只是用来显示个人履历和统计网页流量。后来又用 C 语言重新编写，增加了数据库访问功能。Rasmus Lerdorf 将这些程序和一些表单直译器整合起来，称为 PHP/FI。

1995 年，Personal Home Page Tools（PHP Tools）正式公开发布，称为 PHP 1.0。该版本提供了访客留言本、访客计数器等简单功能。越来越多的网站使用 PHP 进行开发，对 PHP 的功能需求也越来越多。同年，PHP/FI 公开发布，称为 PHP 2，希望可以通过网络来加快 PHP 的开发和纠错。PHP 2 具备了类似 Perl 的变量命名方式、表单处理功能以及嵌入 HTML 中执行的能力。PHP 2 加入了对 MySQL 的支持，从此使用 PHP 来创建动态网页。到 1996 年底，有超过 15 000 多个网站使用 PHP。

1997 年，任职于 Technion IIT 公司的两位以色列程序设计师：Zeev Suraski 和 Andi Gutmans 加入 PHP 开发小组，并重写了 PHP 的解释器，成为 PHP 3 的基础。PHP 也正式改名为"PHP：Hypertext Preprocessor"。1998 年 6 月，PHP 3 正式发布。Zeev Suraski 和 Andi Gutmans 后来又开始改写 PHP 核心，并在 1999 年发布了称为 Zend 引擎的 PHP 解释器。Zeev Suraski 和 Andi Gutmans 在以色列成立了 Zend Technologies 公司，公司的技术开发及商业运作都以 PHP Web 应用为中心，包括 Zend Studio。

2000 年 5 月 22 日，PHP 4 正式发布，它以 Zend 引擎 1.0 为基础。该版本获得了巨大的成功，使得越来越多的技术人员接受并使用 PHP 来进行 Web 应用开发。

2004 年 7 月 13 日，PHP 5 正式发布，它以引擎 2.0 为基础。PHP 5 包含更多新的特色，如面向对象、PDO（PHP Data Objects，一个存取数据库的扩展函数库）及其他性能上的增强。

PHP 5 经过了多个版本的不断更新和完善，其最新稳定版本为 2015 年 6 月 11 日发布的 PHP 5.6.10。

2015 年 6 月 12 日，PHP 开发团队发布 PHP 7.0.0 Alpha 1，标志着 PHP 7 系列的开发。PHP 7.0.0 Alpha 1 以最新的 Zend 引擎为基础，包含了下列新的特性。

- 其运行速度将是 PHP 5.6 的两倍。
- 一致的 64 位支持。
- 许多致命错误可以通过 Exceptions 来处理。
- 删除了一些过时和不再支持的 SAPI 和扩展。
- 增加了 null 连接运算符"??"和联合比较运算符"<=>"。
- 增加了 Return 和 Scalar 类型申明。
- 增加了匿名类。

提示：

PHP 7.0.0 Alpha 1 只是提供给开发人员进行测试，本书将以 PHP 5.6.10 为基础进行讲解。

2. PHP 特点

与 JSP、ASP/ASP.NET 等 Web 服务器端编程技术相比，PHP 具有下列显著特点。

- 开源：所有 PHP 源代码均可从 PHP 发布网站下载，也允许用户根据自己的需求进行修改。
- 免费：PHP 本身免费，大大降低了 Web 应用开发和部署的成本。
- 跨平台性强：PHP 可以很好地运行在 UNIX、Linux 和 Windows 等多种操作系统之上。
- 效率更高：PHP 消耗相当少的系统资源。
- 多种 Web 服务器支持：PHP 能够被 Apache、IIS 及其他多种 Web 服务器支持。
- 支持多种数据库：PHP 最早内置了 MySQL 数据库支持，也使 MySQL 与 PHP 成为最佳拍档。PHP 5.6 改为内置支持 SQLite 数据库。通过 PDO 和其他扩展函数库，PHP 也支持 Oracle、SQL Server、Sybase 及其他的多种数据库。

1.2.3 PHP 开发环境配置

PHP 是一种服务器端的 Web 应用程序脚本语言，其开发环境主要包括：PHP 解释器、Web 服务器、数据库服务器及编辑器。PHP 支持 Windows 和 Linux 等多种操作系统。PHP 典型开发环境配置为 Windows+IIS（或 Apache）+PHP+MySQL，其中 Linux 系统为 Linux+Apache+PHP+MySQL。本书以 Windows 8.1+IIS 为基础讲解 PHP。

1. PHP 安装与配置

Web 服务器需要 PHP 解释器才能解析嵌入在 HTML 文件中的 PHP 代码，可从 PHP 官方网站 http://www.php.net 下载 PHP 的源代码或编译好的二进制代码。Windows 版本 PHP 解释器的下载地址为 http://windows.php.net/download#php-5.6，下载相应版本的 ZIP 包后，解压即可直接使用。

Windows 版本中 PHP 5.6 版本解释器有下列 4 种版本。

- VC11 x86 Non Thread Safe。
- VC11 x86 Thread Saf。
- VC11 x64 Non Thread Safe。
- VC11 x64 Thread Safe。

VC11 指 Windows 环境中的 PHP 解释器在使用 Visual Studio 2012 生成的 C++ 应用程序时所必需的运行组件，其下载地址为 http://www.microsoft.com/zh-CN/download/ details. aspx?id=30679（在 PHP 下载页面左侧提供了下载链接）。如果未安装 C++ 运行时组件，在浏览器中访问 PHP 网页时会出错。

x86 表示支持 32 位的 Windows 操作系统，x64 表示支持 64 位的 Windows 操作系统。

Thread Safe（TS）表示线程安全，支持多线程，Apache 服务器需安装 TS 版 PHP 解释器；Non Thread Safe（NTS）表示非线程安全，仅支持单线程，IIS 服务器需安装 NTS 版本的 PHP 解释器。

本书使用的 PHP 解释器包为 php-5.6.9-nts-Win32-VC11-x86.zip，将其解压到 D:\PHP5 目录。PHP 配置文件为 PHP.ini，将解压目录中的 php.ini-development（开发环境典型配置）或者 php.ini-production（Web 应用发布环境典型配置）文件名修改为 PHP.ini 即可作为配置文件使用。

PHP 5.6 解释器如果未找到 PHP.ini 配置文件，则按照默认设置运行。在开发和发布 Web 应用程序时，应注意对 PHP.ini 中的 5 项配置选项进行设置。

- display_errors = On：表示在浏览器中显示错误信息，Off 表示否。在开发过程中，应设置为 On，浏览器中显示的错误信息可以帮助程序员快速找到出错代码。在发布时，应设置为 Off，避免错误信息暴露服务器相关配置。

- log_errors = On：表示将错误信息写入日志文件，Off 表示否。如果 log_errors 设置为 On，则必须同时设置 error_log，指明日志文件的路径和文件名，如 error_log="D:\PHP5\php_errors.log"。如果 log_errors 设置为 On，但没有设置 error_log 参数，在浏览器中访问 PHP 网页时，会显示浏览器内部错误，无法打开 PHP 网页。

- extension_dir = "D:\php5\ext"：设置 PHP 扩展函数库目录。

- file_uploads = On：表示允许上传文件，Off 表示否。

- upload_tmp_dir = "D:\php5\upload"：设置保存上传文件的目录。

总结在 32 位 Windows 8.1 中安装和配置 PHP 解释器的方法，其具体操作如下。

（1）在 http://windows.php.net/download#php-5.6 下载 PHP 5.6 对应的 VC11 x86 Non Thread Safe 版本的 ZIP 包。

（2）将 ZIP 包解压到 D:\PHP5 目录中（也可以是其他目录）。

（3）将 D:\PHP5 目录中的 php.ini-development 文件名修改为 PHP.ini。

（4）检查和修改 PHP.ini 中的设置。php.ini-development 中的 log_errors 设置默认为 On，所以需设置 error_log 参数，指明错误日志文件。

（5）在 http://www.microsoft.com/zh-CN/download/ details.aspx?id=30679 网站下载 C++运行时组件。C++运行时组件下载的文件名默认为 vcredist_x86.exe，直接运行即可完成安装。

2．IIS 安装

Windows 8.1 包含了 IIS 组件，只需启用即可，其具体操作如下。

（1）在 Windows 任务栏中的 Windows 图标上单击鼠标右键，在弹出的快捷菜单中选择"程序和功能"命令，打开"程序和功能"窗口，如图 1.8 所示。

图 1.8　"程序和功能"窗口

（2）单击程序和功能窗口左侧的"启用或关闭 Windows 功能"选项，打开"Windows 功能"窗口，如图 1.9 所示。

图 1.9　启用或关闭 Windows 功能

（3）在"Windows 功能"窗口的目录列表中单击选中"Internet Information Services"复选框。因为 IIS 使用 FastCGI 方式调用 PHP 解释器，所以应单击选中"Internet Information Services\万维网服务\应用程序开发功能\CGI"复选框。

（4）单击 确定 按钮关闭对话框，保存设置。

3．启动 IIS 管理器

IIS 管理器用于管理和配置 IIS 服务器中的 Web 应用程序，其启动方法有 3 种，下面分别进行介绍。

（1）从控制面板中启动 IIS 管理器

① 在 Windows 任务栏中的 Windows 图标 上单击鼠标右键，在弹出的快捷菜单中选择"控制面板"命令，打开"控制面板"窗口，如图 1.10 所示。

图 1.10　"控制面板"窗口

② 在其左侧选择"系统和安全"选项，打开"系统和安全"管理窗口，如图 1.11 所示。

图 1.11　"系统和安全"管理窗口

③ 在"系统和安全"管理窗口中单击"管理工具"图标，打开管理工具快捷方式列表，如图 1.12 所示。

图 1.12　管理工具快捷方式列表

④ 在管理工具快捷方式列表中双击"Internet Information Services（IIS）管理器"快捷方式，打开 IIS 管理器。

提示：

可将"Internet Information Services（IIS）管理器"快捷方式复制到 Windows 桌面，便于以后快速打开 IIS 管理器。

（2）使用"运行"对话框打开 IIS 管理器

在 Windows 任务栏的 Windows 图标□上单击鼠标右键，在弹出的快捷菜单中选择"运行"命令，打开"运行"对话框，如图 1.13 所示。

在"打开"文本框中输入"inetmgr"命令，按"Enter"键或单击 确定 按钮确认，即可打开 IIS 管理器。

图 1.13 "运行"对话框

（3）使用 Windows 搜索功能查找 IIS 管理器

下面将具体讲解使用 Windows 搜索功能查找 IIS 管理器的方法，其具体操作如下。

① 将鼠标光标移动到桌面右侧（若打开了应用程序，可将鼠标光标移动到右上角），停留片刻，即可打开 Windows 右侧浮动工具栏。

② 在工具栏中单击"搜索"按钮 🔍，打开搜索栏。

③ 在搜索文本框中输入"IIS"。在搜索结果列表中选择"Internet Information Services（IIS）管理器"选项，启动 IIS 管理器。

图 1.14 所示为显示了 IIS 的管理器。IIS 管理器窗口分左、中、右 3 个窗格。左侧窗格显示连接的网站，其网站服务器名称为 XBGHOME，括号中的 XBGHOME\xbg 表示当前登录到服务器的用户为 XBGHOME 中的 xbg。Default Web Site 为连接服务器中的默认网站，本地计算机中的默认网站访问地址为 http://localhost ，网站文件夹为系统安装盘中的 \inetpub\wwwroot。

图 1.14 IIS 管理器

在左侧窗格中选择服务器名称后，中间窗格将显示网站管理选项，右侧窗格将显示对应的操作。当在中间窗格中双击某个管理选项后，中间窗格将切换到选项对应配置的子选项，右侧窗格的操作也相应改变。

提示：

在左侧窗格中选择服务器名称后，在右侧窗格中可选择对应的选项来启动、重新启动或停止 IIS 服务器。

4．配置 PHP Web 应用程序

在开发 PHP Web 应用程序时，可将文件直接放到默认网站的 wwwroot 目录或者其他目录中，然后在 IIS 管理器中进行配置。

下面通过一个简单的例子说明在 IIS 管理中如何配置 PHP Web 应用程序。

例 1.5　配置 PHP Web 应用程序（源代码：\chapter1\t5\index.php），其具体操作如下。

（1）创建 PHP Web 应用程序存放目录 D:\MyPHPApp。

（2）使用 Windows 记事本创建文件 index.php，将文件保存到 D:\MyPHPApp.index.php，文件内容如下：

```
<?php
    phpinfo();
?>
```

提示：

phpinfo()函数用于显示 PHP 配置信息。在使用记事本保存文件时，注意文件类型应选择"所有文件（*.*）"，文件名为 index.php，这样才能确保文件扩展名为.php。

（3）打开 IIS 管理器。在 IIS 管理器右侧窗格的"网站"选项上单击鼠标右键，在弹出的快捷菜单中选择"添加网站"命令，打开"添加网站"对话框，如图 1.15 所示。

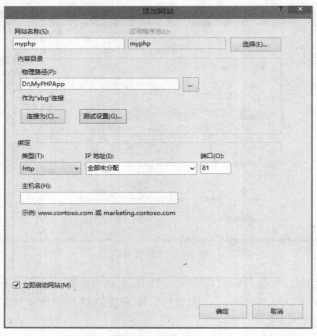

图 1.15　添加网站

（4）首先，在"网站名称"文本框中输入 myphp 作为网站名称，在"物理路径"文本框中输入 D:\MyPHPApp。默认情况下使用匿名账户访问网站，可单击 连接为(C)... 按钮设置访问网站的账户信息。如果需要在网站目录中保存上传文件，则默认的登录账户应对该文件夹具有访问权限。然后，可单击 测试设置(G)... 按钮测试连接。在开发过程中，不需要设置 IP 地址。在"端口"文本框中输入访问网站的端口，其中 80 为默认网站端口，不要使用此端口，以避免冲突。主机名不需要设置。最后，单击 确定 按钮完成创建网站。

（5）新添加的网站名称显示在 IIS 管理器左侧的连接目录中。单击该网站，在中间窗格将显示配置选项。

（6）双击"处理程序映射"选项，显示处理程序映射配置选项，如图 1.16 所示。

（7）在操作窗口中选择"添加模块映射..."选项，打开"处理模块映射"对话框，如图 1.17 所示。

（8）在对话框的"请求路径"文本框中输入"*.php"，在"模块"下拉列表中选择"FastCgiModule"选项。在"可执行文件（可选）"文本框中输入模块映射处理程序 D:\php5\php-cgi.exe，并单击 按钮，在打开对话框的"名称"文本框中输入模块映射配置的名称，如 domyphp。

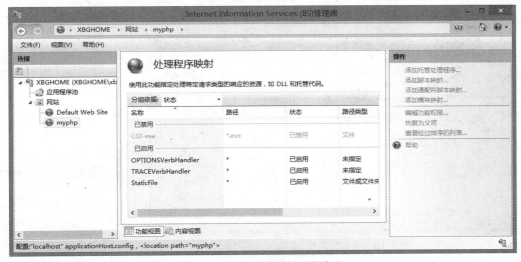

图 1.16　处理程序映射配置选项

 提示：

如果在安装 IIS 时未选择"Internet Information Services\万维网服务\应用程序开发功能\CGI"选项，则在"模块"下拉列表不会出现"FastCgiModule"选项。

（9）单击 确定 按钮，打开"添加模块映射"对话框，如图 1.18 所示。单击 是(Y) 按钮完成模块映射设置。

（10）在左侧连接目录中选择 myphp 网站，在中间窗格将显示需设置的选项。双击"默认文档"选项，显示默认文档设置选项，如图 1.19 所示。

（11）在右侧窗格中选择"添加..."选项，打开"添加默认文档"对话框，如图 1.20 所示。

（12）在对话框的"名称"文本框中输入 index.php，单击 [确定] 按钮完成默认文档的添加。

图 1.17　添加模块映射　　　　　　　　图 1.18　确认添加模块映射

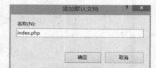

图 1.19　默认文档配置选项　　　　　　　图 1.20　添加默认文档

（13）在左侧连接目录中选择 myphp 网站，在中间窗格将显示设置选项。在右侧窗格中选择"浏览*:81（http）"选项，打开浏览器浏览网站。默认情况下，浏览器显示网站默认文件。图 1.21 所示页面显示了 phpinfo()函数输出的 PHP 配置信息。

提示：

如果 IIS 配置或者 php.ini 配置不正确，则浏览器无法正确输出图中的配置信息。修改了php.ini 中的配置后，应重新启动 IIS 服务器使其生效。如果需要在 IIS 默认网站的 wwwroot目录中测试 PHP 网页，则可以为 IIS 默认网站添加处理程序的模块映射和默认文档，然后在浏览器中指明访问的 PHP 网页文件名，如 http://localhost/test.php。

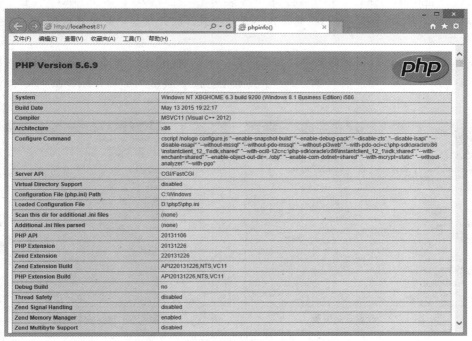

图 1.21　phpinfo()函数输出的配置信息

📖 **提示:**

在 IIS 中，网站的物理路径中创建的子目录、为网站创建的虚拟目录及为网站添加的应用程序，均直接继承网站或者网站目录的设置，无需额外进行设置。例如，如果为 IIS 默认网站添加了 PHP 模块映射，则可以直接将 PHP 网页或者网站直接复制到 IIS 的 wwwroot 目录中进行测试。

5．使用集成安装包进行 PHP 开发环境安装和设置

目前网络上提供了多种集成安装包来安装 PHP 开发环境，如 AppServ、XAMPP、PhpStudy 和 WAMP 等。

稳定版的 AppServ 2.5.10 包含了 Apache 2.2.8、PHP 5.2.6、MySQL 5.0.51b 和 phpMyAdmin−2.10.3（PHP 实现的网页版 MySQL 数据库管理器）。各个版本的 AppServ 安装包下载地址为 http://appservnetwork.com/index.php。

目前最新的 XAMPP for Windows v5.6.8 安装包包含了 Apache 2.4.12、MySQL 5.6.24、PHP 5.6.8、phpMyAdmin 4.3.11、OpenSSL 1.0.1、XAMPP Control Panel 3.2.1、Webalizer 2.23−04、Mercury Mail Transport System 4.63、FileZilla FTP Server 0.9.41、Tomcat 7.0.56 和 Strawberry Perl 7.0.56 Portable 等软件。XAMPP 下载地址为 https://www.apachefriends.org/zh_cn/index.html。

（1）安装 AppServ 2.5.10

下面介绍 AppServ 2.5.10 的安装过程，其具体操作如下。

① 下载 AppServ 2.5.10 安装包，其文件名默认为"appserv-win32-2.5.10.exe"。

② 运行 appserv-win32-2.5.10.exe，打开安装向导欢迎对话框，单击 Next > 按钮，进入协议浏览对话框，单击 I Agree 按钮同意协议，开始安装，打开设置安装位置对话框，如图 1.22 所示。

③ 在 Destination Folder 框中输入安装位置，如 D:\AppServ，单击 Browse... 按钮在打开的对话框选择安装位置。设置好安装位置后，单击 Next > 按钮，进入组件选择对话框，如图 1.23 所示。

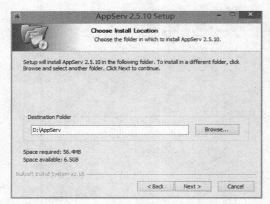

图 1.22　设置安装位置

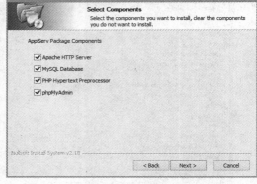

图 1.23　选择安装组件

④ 在打开的对话框中默认选中了全部组件（撤销选中对应的复选框则表示取消该组件的安装），单击 Next > 按钮，进入 Apache HTTP 服务器信息设置对话框，如图 1.24 所示。

⑤ "Server Name" 文本框用于输入服务器名称，本地可以使用 127.0.0.1 或 localhost 访问。"Administrator's Email Address" 文本框用于输入管理员 E-mail 地址。Apache HTTP Port 文本框用于输入 Apache HTTP 服务端口，默认为 80（80 端口为 IIS 服务器使用的 HTTP 服务端口，此处最好另行处置），这里输入 8080，单击 Next > 按钮，进入 MySQL 服务器配置窗口，如图 1.25 所示。

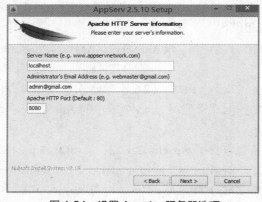

图 1.24　设置 Apache 服务器选项

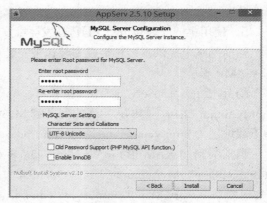

图 1.25　设置 MySQL 服务器选项

⑥ 在 "Enter root password" 和 "Re-enter root password" 中输入 MySQL 服务器默认的管理员账户 root 的密码（一定要记住该密码，在以后登录 MySQL 服务器时需要）。在 "Character Sets and Collations" 列表框中选择 "MySQL" 选项。如果要在数据库中保存汉字，应选择 "UTF-8 Unicode" 选项。单击 Install 按钮，执行安装。

⑦ 安装完成后，打开完成安装信息窗口，如图 1.26 所示。对话框默认选中启动 Apache 和 MySQL 服务器。单击 Finish 按钮，结束安装。

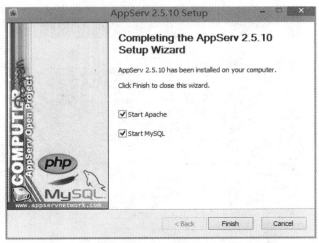

图 1.26　完成安装

上述操作将 AppServ 安装到了 D:\AppServ，D:\AppServ\www 目录为 Apache 服务器默认网页发布目录，可将网页直接放在该目录中或创建子目录来测试网页。

（2）测试安装是否成功

安装在 D:\AppServ\www 目录中后默认创建了 index.php 和 phpinfo.php。在浏览器的地址栏中输入 http://localhost:8080，若 AppServ 安装成功，可看到图 1.27 所示的 Apache 服务器默认页面。在页面中单击"PHP Information Version 5.2.6"超链接，或在浏览器地址栏中输入 http://localhost:8080/phpinfo.php，查看 PHP 配置信息，如图 1.28 所示。从图 1.27 中可以看出，AppServ 安装程序将 PHP 的配置文件 php.ini 放到了 Windows 安装目录（如 C:\Windows）中。

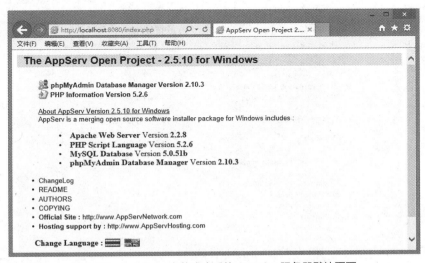

图 1.27　AppServ 安装成功后的 Apache 服务器默认页面

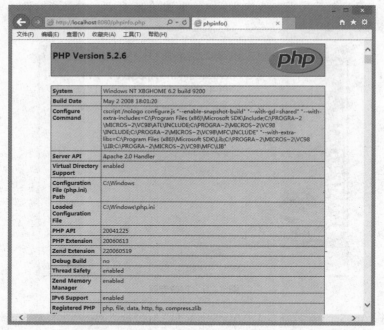

图 1.28　AppServ 安装成功后的 PHP 配置信息

　　在 Apache 服务器默认页面中单击 "phpMyAdmin Database Manager Version 2.10.3" 超链接，或者在浏览器地址栏中输入 "http://localhost:8080/phpmyadmin"，查看 phpMyAdmin 和 MySQL 是否安装成功。若安装成功，首先将打开登录对话框，在其中输入 "MySQL"，输入默认管理员账户 root 和安装过程中设置的密码，打开 MySQL 数据库管理页面，如图 1.29 所示。

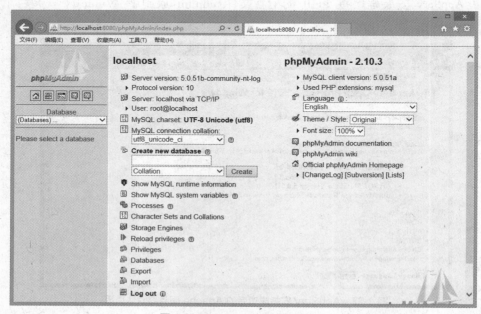

图 1.29　MySQL 数据库管理页面

（3）启动、停止或重新启动 Apache 或 MySQL 服务

安装完成后，还可启动、停止或重新启动 Apache 或 MySQL 服务器，其具体操作如下。

① 在 Windows 任务栏中的 Windows 图标 上单击鼠标右键，在弹出的快捷菜单中选择"计算机管理"命令，打开计算机窗口。

② 在左侧目录列表中选择"服务和应用程序"选项，展开服务和应用程序节点。

③ 单击选择"服务"选项，在中间窗格中显示计算机中安装的服务程序列表。

④ 在服务程序列表中选择 Apache2.2 或 MySQL 并在其上单击鼠标右键，在弹出的快捷菜单中选择对应的命令来启动、停止或重新启动 Apache 或 MySQL 服务器。

6．PHP 编辑器安装

PHP 编辑器可以使用简单的文本编辑器，如 Windows 记事本，也可使用具备语法提示、代码高亮显示等各种集成功能的集成开发环境，如 EditPlus（www.editplus.com）、UltraEdit（www.ultraedit.com）、Eclipse（www.eclipse.org）、Dreamweaver（www.adobe.com）、Zend Studio（www.zend.com）和 NetBeans（www.netbeans.org）等。

本书 PHP 代码主要使用 NetBeans 完成开发。NetBeans 是由 Sun 公司（已被 Oracle 收购）开发出的一款开源、免费的集成开发工具，支持 Java、HTML5、PHP、C/C++及其他多种编程语言，可用于开发桌面应用程序、Web 应用程序和手机应用程序。

NetBeans 安装程序是在 https://netbeans.org/downloads 中下载的，支持 PHP 安装包最小为 63M。NetBeans 需要 JDK 支持，安装程序启动时首先会检查是否已安装 JDK，所以最好单独下载 JDK 安装包，下载地址为 http://www.oracle.com/technetwork/java/javase/downloads/index.html（或者 http://java.sun.com/javase/downloads/index.jsp）。

下面讲解 JDK 及 NetBeans 的安装方法，其具体操作如下。

（1）运行 JDK 安装文件，启动 JDK 安装向导，如图 1.30 所示。

（2）单击 下一步(N) > 按钮，进入定制安装对话框，如图 1.31 所示。

图 1.30　JDK 安装向导

图 1.31　定制 JDK 安装组件

（3）JDK 源代码和公共 JRE 均可选，安装向导默认全部安装。单击列表框中的对应选项前面的 图标，在打开的下拉列表中可选择"此功能不可用"选项。单击 更改(C)... 按钮，可打开对话框选择 JDK 安装路径。最后单击 下一步(N) > 按钮，安装向导开始执行安装操作。如果选择了安装公共 JRE，安装向导会提示选择公共 JRE 的安装路径，按提示操作即可，安装完成后如图 1.32 所示。

图 1.32　JDK 安装结束窗口

（4）单击 关闭(C) 按钮，完成 JDK 安装。

（5）运行 NetBeans 安装程序 netbeans-8.0.2-php-windows.exe，启动 NetBeans 安装向导，如图 1.33 所示。单击 下一步(N) > 按钮，打开许可证协议窗口，如图 1.34 所示。

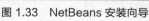

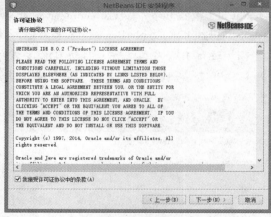

图 1.33　NetBeans 安装向导　　　　　　　　　图 1.34　许可证协议窗口

（6）单击选中 ☑我接受许可证协议中的条款(A) 复选框，同意软件协议。单击 下一步(N) > 按钮，打开"NetBeans IDE 8.0.2 安装"窗口，如图 1.35 所示。

（7）在 NetBeans IDE 8.0.2 安装窗口中需指定 NetBeans IDE 和 JDK 安装路径，接受默认值，或单击 浏览(O)... 按钮更改路径。单击 下一步(N) > 按钮，打开概要窗口，如图 1.36 所示。

（8）在打开的窗口中撤销选中 ☑检查更新(U) 复选框，需要更新插件时，可在 NetBeans 中执行。单击 安装(I) 按钮，执行安装。

（9）单击 完成(F) 按钮，完成 NetBeans 安装，如图 1.37 所示。

图 1.35　NetBeans IDE 8.0.2 安装窗口

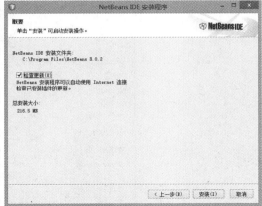

图 1.36　安装向导概要窗口

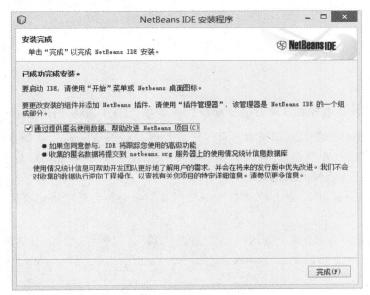

图 1.37　完成 NetBeans 安装

1.3　项目实现

下面详细讲解实现项目目标，制作目标网页的方法，其具体操作如下。

（1）创建文件夹 D:\myfirstphp，作为 NetBeans 创建的 PHP 项目文件夹。

（2）启动 IIS 管理器。

（3）在 IIS 管理器左侧的目录列表中输入 Default Web Site，然后为站点添加 PHP 模块映射。

（4）在 IIS 管理器左侧的目录列表中的 "Default Web Site" 选项上单击鼠标右键，在弹出的快捷菜单中选择 "添加虚拟目录" 命令，打开 "添加虚拟目录" 对话框，如图 1.38 所示。

（5）在对话框的 "别名" 文本框中输入虚拟目录名称 myfirstphp，在 "物理路径" 文本框中输入虚拟目录映射的本地文件夹 D:\myfirstphp。单击　确定　按钮完成添加虚拟目录操作。

（6）为新建的虚拟目录 myfirstphp 添加默认文档 index.php。

图 1.38 添加虚拟目录

 提示:

添加 PHP 模块映射和默认文档的详细操作请参考"1.3.4 配置 PHP Web 应用程序"。

（7）将鼠标光标停靠到对话框右上角，停留片刻，打开 Windows 右侧浮动工具栏。在工具栏中单击 按钮，打开搜索栏。在搜索框中输入 NetBeans。在搜索结果列表中单击"NetBeans IDE 8.0.2"选项，启动 NetBeans IDE。

（8）在 NetBeans IDE 中选择"文件\新建项目"命令，打开"新建项目"对话框，如图 1.39 所示。

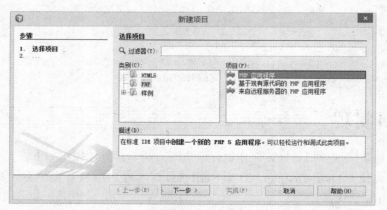

图 1.39　NetBeans IDE 新建项目向导

（9）在对话框的"类别"列表中单击选择"PHP"选项，然后在"项目"列表中选择"PHP 应用程序"选项。

（10）在打开的对话框的"项目名称"文本框中输入 myFirstPHP 作为项目名称。单击 浏览(R)... 按钮，在打开对话框中选择"D:\myfirstphp"目录作为项目源文件夹。单击 下一步 > 按钮打开下一个向导对话框，如图 1.40 所示。

图 1.40　设置项目名称和位置

（11）在该对话框中需设置项目测试运行时的运行方式和项目 URL，因为在本地计算机中测试，应确保在"运行方式"列表中选择"本地 Web 站点（在本地 Web 服务器上运行）"选项。在"项目 URL"文本框中输入测试时浏览器地址栏中使用的 URL，默认为 http://localhost/myfirstphp/，如图 1.41 所示。本例中，前面为 IIS 默认网站添加的虚拟目录名称和项目名称一致，所以这里无需修改，保持项目 URL 和虚拟目录名称一致。在项目向导后，继续对对话框中的 PHP 框架和编写器进行设置，完成后单击 完成(F) 按钮，创建项目。

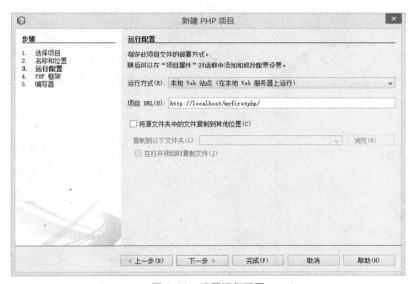

图 1.41　设置运行配置

（12）在 NetBeans IDE 左侧的"项目"窗口中新建的项目"myFirstPHP"上单击鼠标右键，

在弹出的快捷菜单中选择"新建\PHP Web 页"命令，打开"New PHP Web 页"对话框，如图 1.42 所示。

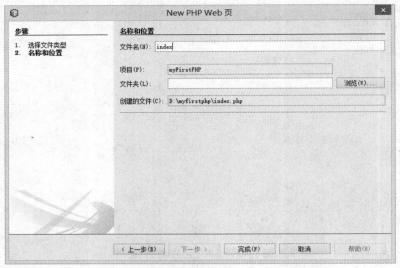

图 1.42　打开"New PHP Web 页"对话框

 提示：

在 NetBeans IDE 中"PHP 文件"只包含 PHP 代码，而"PHP Web 页"则默认添加了基本的 HTML 文件标记。

（13）在"文件名"文本框中输入 index 作为文件名（文件扩展名默认为.php），单击 **完成(F)** 按钮，创建 PHP Web 页。此时 NetBeans IDE "源"编辑区中将显示新建的 index.php 文件代码。NetBeans IDE 为 PHP Web 页添加了基本的 HTML 标记，如图 1.43 所示。

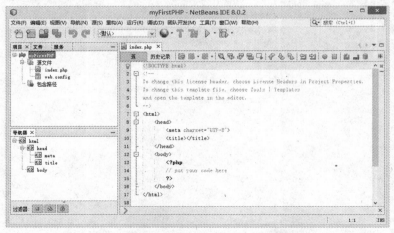

图 1.43　NetBeans IDE 源代码编辑窗口

（14）为"源"编辑区中的代码添加 HTML 标题和 PHP 代码，如下所示：

```
<html>
    <head>
```

```
        <meta charset="UTF-8">
        <title>第一个 PHP 网页</title>
    </head>
    <body>
        <?php
            echo "你好！这是我用 PHP 代码输出的信息。<br/>";
            echo "当前日期：",date("y 年 m 月 d 日");
        ?>
    </body>
</html>
```

（15）选择"运行\运行项目"命令，按"F6"键或单击工具栏中的▷按钮运行项目。NetBeans IDE 打开浏览器，显示 PHP 项目默认文档页面。本例中创建 index.php 作为默认文档显示。显示结果如图 1.37 所示。

1.4 巩固练习

1．选择题

（1）PHP 是一种跨平台、（　　　　）的网页脚本语言。

    A．可视化　　　　　　　　　　B．客户端

    C．面向过程　　　　　　　　　D．服务器端

（2）PHP 网站可称为（　　　　）。

    A．桌面应用程序　　　　　　　B．PHP 应用程序

    C．Web 应用程序　　　　　　　D．网络应用程序

（3）PHP 网页文件的文件扩展名为（　　　　）。

    A．EXE　　　　　　　　　　　B．PHP

    C．BAT　　　　　　　　　　　D．CLASS

（4）PHP 网站发布后，PHP 配置文件的文件名为（　　　　）。

    A．php.ini　　　　　　　　　　B．php.config

    C．php.ini-production　　　　　D．php.ini-development

（5）下列说法正确的是（　　　　）。

    A．PHP 网页可直接在浏览器中显示

    B．PHP 网页可访问 Oracle、SQL Server、Sybase 及其他的多种数据库

    C．PHP 网页只能使用纯文本编辑器编写

    D．PHP 网页不能使用集成化的编辑器编写

2．问答题

（1）简述 PHP 网站开发环境包含哪些软件。

（2）简述在 IIS 中发布一个 PHP Web 应用程序的基本步骤。

（3）简述 B/S Web 应用程序的基本架构，其每部分的主要功能分别是什么。

3．编程题

使用 Windows 记事本创建一个 PHP 文件，将其部署到 IIS 默认网站中，输出图 1.44 所示

的诗句。

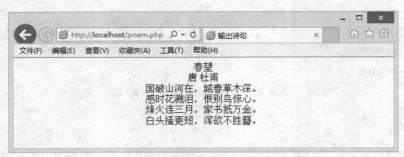

图 1.44　使用 PHP 输出诗句

 提示：

PHP 代码中，echo 用于输出数据到浏览器，HTML 中
标记可实现换行，<center>标记可实现居中显示。

PART 2

项目二
趣味数学

即使一个最简单的计算机程序通常也都会涉及数据、运算和程序流程控制等内容。不同类型的数据，在计算机中的存储方式有所不同，在程序中的表示方式和运算方式也会有所区别。所以，理解数据类型和数据运算方式是进行程序设计的入门和必修课。程序流程控制实现程序中的分支结构、循环结构，并以此为基础实现更为复杂的业务逻辑。

项目要点

- PHP 代码规范
- 常量与变量
- 运算符与表达式
- 程序流程控制

具体要求

- 了解 PHP 代码规范
- 掌握常量和变量的声明和使用
- 掌握运算符和表达式的使用
- 掌握 if、switch 分支结构程序设计
- 掌握 for、while、do...while 循环结构程序设计

2.1　项目目标

本项目将进一步熟悉 PHP 中变量、循环等编程基础知识，实现图 2.1 所示的网页。（源代码：\chapter2\example.php）

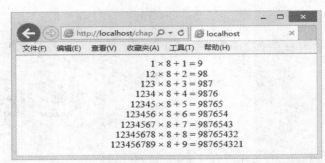

$$1 \times 8 + 1 = 9$$
$$12 \times 8 + 2 = 98$$
$$123 \times 8 + 3 = 987$$
$$1234 \times 8 + 4 = 9876$$
$$12345 \times 8 + 5 = 98765$$
$$123456 \times 8 + 6 = 987654$$
$$1234567 \times 8 + 7 = 9876543$$
$$12345678 \times 8 + 8 = 98765432$$
$$123456789 \times 8 + 9 = 987654321$$

图 2.1　输出趣味数学问题

2.2　相关知识

2.2.1　PHP 代码规范

PHP 代码通常被嵌入 HTML 代码之中。

例 2.1　嵌入了 PHP 代码的 HTML 如下。（源代码：\chapter2\test1.php）

```html
<html>
    <head>
        <meta charset="UTF-8">
        <title>例 1：嵌入 PHP 代码的网页</title>
    </head>
    <body style='background: <?="red"?>'>
        <?php
            echo "<h1 style='color:rgb(0,0,255)'>";
            echo "这是 PHP 代码输出的 H1 标题";
            echo "<h1/>";
        ?>
    </body>
</html>
```

上述代码执行后在 IE 浏览器中的显示结果如图 2.2 所示。

图 2.2　显示嵌入 HTML 的结果

在例 2.1 中嵌入了两段 PHP 代码。其中"<?="red"?>"表示输出 PHP 表达式的值作为 HTML 标记的属性值；第 2 段使用了标准的 PHP 标识符"<?php"和"?>"，表示嵌入了一段 PHP 代码。PHP 解释器按照 PHP 代码规范来解析 HTML 文件中的 PHP 代码。PHP 代码中每个语句以分号";"结束（也使用大括号"{}"标识语句块），PHP 解释器会忽略所有的空格和换行符。例 2.1 的书写格式是为了方便阅读代码。

提示:

本章全部实例包含在 NetBeans 项目 chapter2 中,(源代码: \chapter2*.*)。为 IIS 服务器默认 Web 站点添加 PHP 模块映射,并创建一个虚拟目录 chapter2 指向项目位置,即可在浏览器中用 http://localhost/chapter2/test1.php 等 URL 查看实例输出结果。

1. PHP 代码标识

PHP 支持多种风格的代码标识。

（1）PHP 表达式格式

PHP 表达式可以直接输出到 HTML 文件,格式为

<?=表达式?>

这种格式较灵活,可方便地将 PHP 表达式嵌入 HTML 代码的任何位置。例如,在例 2.1 中将"<?="red"?>"字符串中的"red"作为表达式,输出到 HTML 文件,并将其作为 HTML 内联样式的属性值。

（2）<?PHP……?>格式

在开始标识"<?PHP"和结束标识"?>"之间嵌入 PHP 程序代码,如例 2.1 所示。这是 PHP 代码默认标识,也是最常用的标记格式。

（3）使用<?……?>短格式

使用<?……?>作为 PHP 程序代码的开始和结束标识,这种方式也称为短格式。将例 2.1 修改为使用短格式的 PHP 代码如下。

```html
<html>
    <head>
        <meta charset="UTF-8">
        <title>例 1: 嵌入 PHP 代码的网页</title>
    </head>
    <body style='background: <?="red"?>'>
        <?
            echo "<h1 style='color:rgb(0,0,255)'>";
            echo "这是 PHP 代码输出的 H1 标题";
            echo "<h1/>";
        ?>
    </body>
</html>
```

要使用短格式,必须将 php.ini 中的"short_open_tag"参数设置为"On"。

（4）使用 ASP 风格的格式

使用 ASP 风格作为 PHP 程序代码的开始和结束标识,这种格式类似 ASP 代码风格。将例 2.1 修改为使用 ASP、JSP 风格的 PHP 代码如下。

```html
<html>
    <head>
        <meta charset="UTF-8">
        <title>例 1: 嵌入 PHP 代码的网页</title>
```

```
        </head>
        <body style='background:<?="red"?>'>
            <%
                echo "<h1 style='color:rgb(0,0,255)'>";
                echo "这是 PHP 代码输出的 H1 标题";
                echo "<h1/>";
            %>
        </body>
    </html>
```

要使用 ASP 风格的格式，必须将 php.ini 中的 asp_tags 参数设置为 On。

（5）使用标准脚本格式

使用<script language='php'>和</script>作为 PHP 程序代码的开始和结束标识，这种方式为标准脚本格式。将例 2.1 修改为标准脚本格式的 PHP 代码如下。

```
    <html>
        <head>
            <meta charset="UTF-8">
            <title>例 1：嵌入 PHP 代码的网页</title>
        </head>
        <body style='background:<?="red"?>'>
            <script language='php'>
                echo "<h1 style='color:rgb(0,0,255)'>";
                echo "这是 PHP 代码输出的 H1 标题";
                echo "<h1/>";
            </script>
        </body>
    </html>
```

标准脚本格式嵌入的 PHP 代码不受 php.ini 中 short_open_tag 和 asp_tags 参数设置的影响。事实上，short_open_tag 和 asp_tags 参数设置为 On 时，上述 5 种方式都可同时使用。

2．PHP 注释

PHP 代码支持 3 种风格的注释，下面分别进行介绍。

- 格式 1：//单行注释
- 格式 2：#单行注释
- 格式 3：/*多行注释*/

单行注释独占一行或放在 PHP 语句末尾；多行注释将以"/*"符号开始，"*/"符号结束之间的全部内容作为 PHP 注释。

例 2.2　使用 PHP 注释，代码如下。（源代码：\chapter2\test2.php）

```
    <html>
        <head>
            <meta charset="UTF-8">
            <title>例 2：使用注释</title>
```

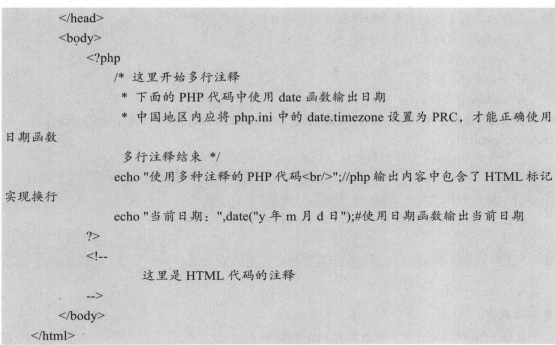

```
            </head>
            <body>
                <?php
                    /* 这里开始多行注释
                     * 下面的 PHP 代码中使用 date 函数输出日期
                     * 中国地区内应将 php.ini 中的 date.timezone 设置为 PRC，才能正确使用
日期函数

                    多行注释结束 */
                    echo "使用多种注释的 PHP 代码<br/>";//php 输出内容中包含了 HTML 标记
实现换行

                    echo "当前日期：",date("y 年 m 月 d 日");#使用日期函数输出当前日期
                ?>
                <!--

                        这里是 HTML 代码的注释

                -->
            </body>
        </html>
```

上述代码在 IE 浏览器中的显示结果如图 2.3 所示。

图 2.3　例 2.2 代码显示结果

　　PHP 解释器会忽略代码中的所有注释，而 HTML 注释则不受 PHP 解释器影响。HTML 注释被浏览器忽略，不显示给用户，但在浏览器中查看网页源代码时，看不到 PHP 注释，但可看到 HTML 注释。

　　在 IE 中查看例 2.2 时，选择 IE 的"查看\源"命令，可查看 PHP 解释器的输出结果，如图 2.4 所示。

```
  1   <html>
  2       <head>
  3           <meta charset="UTF-8">
  4           <title>例2：使用注释</title>
  5       </head>
  6       <body>
  7           使用多种注释的PHP代码<br/>当前日期：15年07月07日        <!--
  8                   这里是HTML代码的注释。
  9           -->
 10       </body>
 11   </html>
 12
```

图 2.4　查看浏览器网页源代码

3. PHP 文件包含

PHP 代码可以放在独立的 PHP 文件中，使用时用 include 或 require 包含到当前代码中即可。文件包含有 4 种基本格式，下面分别进行介绍。

- include "文件名";
- include("文件名");
- require "文件名";
- require ("文件名")。

例 2.3　使用 PHP 文件包含。（源代码：\chapter2\test3.php、\chapter2\data. php、\chapter2\proc.php）

被包含的 data.php 文件中只定义了一个变量，代码如下。

```php
<?php
    $data="包含文件 data.php 中定义的变量";
```

被包含的 proc.php 文件中用 echo 输出一个字符串，代码如下。

```php
<?php
    echo "包含文件 proc.php 中的代码输出！";
```

提示：

在纯 PHP 代码文件中，可以没有 PHP 代码结束标识?>。

主文件 test3.php 包含了 data.php 和 proc.php，代码如下。

```php
<html>
    <head>
        <meta charset="UTF-8">
        <title>例 3：使用 PHP 文件包含</title>
    </head>
    <body>
        <?php
            echo '使用 PHP 文件包含：<br/>';
            include ("data.php");
            echo $data;
            echo "<br/>";
            include "proc.php";
        ?>
    </body>
</html>
```

test3.php 在 IE 浏览器中的显示结果如图 2.5 所示。

图 2.5　使用 PHP 文件包含的输出结果

include 和 require 的区别在于：当所包含的文件出错时，include 只产生一个警告，后继代码继续执行；require 则产生一个致命错误，后继代码不再执行。例如，将前面的 test3.php 中的第一个 include 语句：

```
include ("data.php");
```

修改为

```
include("data2.php");
```

data2.php 是一个不存在的文件，在 IE 浏览器中打开修改后的 test3.php，显示结果如图 2.6 所示。

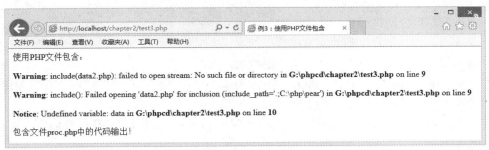

图 2.6　测试 include 错误

从图中可以看出，在出错的 "include("data2.php");" 语句前后的代码均执行了。

如果将 "include("data2.php");" 语句修改为

```
require("data2.php");
```

在 IE 浏览器中打开修改后的 test3.php，显示结果如图 2.7 所示。

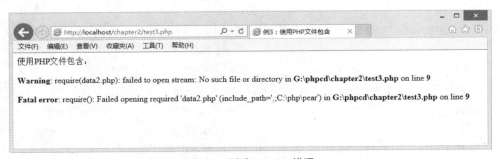

图 2.7　测试 require 错误

从图中可以看出，在出错的 "require ("data2.php");" 语句前的代码执行了，而后面的代码没有执行。

提示：

当 "php.ini" 文件中的 "display_errors" 参数设置 "On" 时，才会在浏览器中输出错误信息，将其设置为 "Off" 时则不显示。

提示：

多次包含相同文件可能会出现变量或函数重复定义之类的错误。可使用 include_once 或

require_once 来包含文件，与 include 或 require 的区别在于，前者会检测是否已包含相同文件，已经包含的文件将不再重复包含。

2.2.2 PHP 常量

常量指值不变的量。常量一经定义，在脚本的其他任何地方都不允许被修改。常量命名时，可使用英文字母、下画线、汉字或数字，数字不能作为首字母。

1．常量的定义与使用

常量定义使用 define()函数，其基本格式如下：

```
define($name, $value, $case_insensitive);
```

下面对各参数分别进行介绍。

- $name：表示常量名称的字符串。
- $value：常量值，可以是字符串、整数或浮点数。
- $case_insensitive：其值为 TRUE 或 FALSE，TRUE 为默认值。TRUE 表示该常量名称在使用时不区分大小写，FALSE 表示要区分大小写。

常量定义后，可使用常量名称来获得值，也可使用 constant()函数来获得常量值。constant()函数格式如下：

```
constant(参数)
```

该参数是一个包含常量名称的字符串，或者是一个存储常量名称的变量。

defined()函数可用于测试常量是否已经定义，其格式如下：

```
defined("常量名称")
```

若常量已经被定义，函数返回 TRUE，否则返回 FALSE。在网页中 TRUE 显示为 1，FALSE 显示为空白。

例 2.4 定义和使用 PHP 常量代码如下。（源代码：\chapter2\test4.php）

```php
<?php
    define ("str_name",false, true);//定义常量，不区分大小写
    echo "输出常量 str_name 的值：",str_name;
    echo "<br/>输出常量 Str_Name 的值：",Str_Name;
    echo "<br/>常量 str_name 是否定义：",  defined("str_name");
    echo "<br/>常量 Str_Name 是否定义：",  defined("Str_Name");
    $var="str_name";//在变量中保存常量名称
    echo "<br/>用 constant 函数输出常量 str_name 的值：";
    echo constant($var),constant("str_name");
    define("UID","Administrator",false);//定义常量，区分大小写
    echo "<p/>输出常量 UID 的值：",UID;
    echo "<br/>输出常量 uid 的值：",uid;
    echo "<br/>常量 UID 是否定义：",  defined("UID");
    echo "<br/>常量 uid 是否定义：",  defined("uid");
```

例 2.4 代码在 IE 浏览器中的显示结果如图 2.8 所示。从图中可以看出，使用未定义常量时，PHP 会输出一个 Notice 错误信息。

图 2.8　定义和使用 PHP 常量

2．预定义常量

PHP 中的常用预定义常量如表 2.1 所示。

表 2.1　PHP 常用预定义常量

预定义常量名称	说明
LINE__	返回常量所在位置的行号
FILE__	返回文件的完整路径和文件名
DIR__	返回文件所在的目录
FUNCTION__	返回函数名称
CLASS__	返回类的名称
METHOD__	返回方法名称
NAMESPACE__	返回当前命名空间的名称
PHP_VERSION	PHP 版本信息
PHP_OS	当前操作系统名称
DEFAULT_INCLUDE_PATH	PHP 默认文件包含路径
PHP_EXTENSION_DIR	PHP 扩展库路径

例 2.5　使用 PHP 预定义常量代码如下。（源代码：\chapter2\test5.php）

```php
<?php
    echo"输出 PHP 常用预定义常量的值：";
    echo '<br/>__FILE__值：',__FILE__;
    echo '<br/>__LINE__值：',__LINE__;
    echo '<br/>__DIR__值：',__DIR__;
    echo '<br/>PHP_VERSION 值：',PHP_VERSION;
    echo '<br/>PHP_OS 值：',PHP_OS;
    echo '<br/>DEFAULT_INCLUDE_PATH 值：',DEFAULT_INCLUDE_PATH;
    echo '<br/>PHP_EXTENSION_DIR 值：',PHP_EXTENSION_DIR;
```

例 2.5 代码在 IE 浏览器中的显示结果如图 2.9 所示。

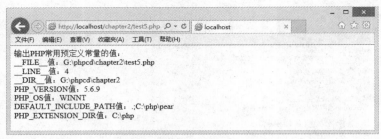

图 2.9　使用 PHP 预定义常量

2.2.3　PHP 变量

变量是指在程序运行过程中可以改变变量的值。PHP 是一种"弱类型"语言，当你为变量赋值时，值的数据类型决定变量的数据类型。当给变量赋值不同类型的数据，也意味着变量的数据类型也发生改变。PHP 允许不经定义直接使用一个变量。变量可以理解为内存单元的名称，给变量赋值意味着将数据存入内存。

1．变量的命名规则

在 PHP 中，变量的命名规则如下。

- 变量名称的首字母必须是$符号（即美元符号）。
- 变量名称中可以包含下画线、字母和数字，但数字不能作为$符号之后的第一个字符。
- 变量名称区分大小写。所以$ab 和$Ab 是两个不同的变量。

2．变量的赋值和使用

变量赋值有传值、传地址、改变变量名称 3 种形式，下面分别进行介绍。

（1）传值赋值

传值赋值是指直接将数据或变量的值复制放到变量内存中，举例如下。

```php
<?php
    $x = 25;                    //将 25 存入变量$x
    $y = $x                     //将变量$x 的值，即将 25 存入变量$y
```

（2）传地址赋值

传地址赋值也称引用赋值，是指将变量的地址传递给另一个变量，使两个变量具有相同的内存地址。因为两个变量的内存地址相同，所以这两个变量相当于同一个内存的不同名字。给一个变量赋值时，另一个变量的值也发生变化。

在变量名称之前使用&符号，即可获得变量的地址代码如下。

```php
<?php
    $x = 25;                    //将 25 存入变量$x
    $y = &$x                    //将变量$x 地址传递给变量$y
    echo $y;                    //输出的值为 25
    $y = 'abcd'                 //将字符串'abcd'存入变量$y
    echo $x;                    //输出的值为 abcd
```

（3）改变变量名称

PHP 中有一种特殊用法可以改变变量的名称。在变量名称之前加一个"$"符号，即可将变量的值作为变量名称，代码如下。

```php
<?php
```

```
$abc=100;
$xy=200;
$xname='abc';
echo $$xname;                    //输出变量$abc 的值 100
$xname='xy';
echo $$xname;                    //输出变量$xy 的值 200
```

3．变量数据类型

PHP 尽管是"弱类型"语言，但仍定义了数据类型。PHP 有 8 种数据类型：boolean（布尔型）、integer（整型）、float（浮点型）、string（字符串）、array（数组）、object（对象）、resource（资源）和 NULL。

（1）boolean（布尔型）

boolean 类型用于表示逻辑值，TRUE（不区分大小写）表示逻辑真，FALSE（不区分大小写）表示逻辑假。

将 boolean 值用于算术运算或转换为数值时，TRUE 转换为 1，FALSE 转换为 0。将 boolean 值转换为字符串时，TRUE 转换为字符串'1'，FALSE 转换为空字符串。

将其他类型数据转换为 boolean 值时，数值 0、0.0、空白字符串、只包含数字 0 的字符串（'0'和"0"）、没有成员的数组、NULL 等均转换为 FLASE，其他值转换为 TRUE。

（2）integer（整型）

integer 用于存放整数。PHP 中整数可以表示为常用的十进制，也可表示为八进制或十六进制。以数字 0 开始的整数为八进制，八进制中只允许使用字符 0～7。以 0x 开始的整数为十六进制，十六进制中可以使用的字符有 0～9、大写字母 A～Z，小写字母 a～z，如 123、0123、0x123 都是合法的整数。

（3）float（浮点型）

float 用于存放带小数点的数。PHP 支持科学计数法表示小数，如 1.23、1.2e3、5E6 等都是合法的浮点数。

📖 提示：

PHP 中，浮点型数也称双精度数 double 或实数 real。浮点数的精度取决于系统，PHP 通常使用 IEEE 754 双精度格式存储浮点数。

（4）string（字符串）

PHP 中的字符串可以使用单引号、双引号和定界符 3 种方式表示。

① 单引号字符串

用单引号括起来的字符串被原样输出。在单引号字符串中如果要输出单引号，可使用"\'"。该符号通常在双引号字符串中作为转义字符，PHP 单引号字符串只支持转义单引号，其他转义符都被原样输出。如'123'、'4.5'、'abc'、'mike\'s name'等都是合法的单引号字符串。

② 双引号字符串

双引号字符串中的变量被 PHP 解析为变量值，即字符串中的变量在输出时输出变量的值而不是变量名称。双引号字符串中可以使用各种转义符，如表 2.2 所示。

表 2.2　PHP 常用预定义常量

转义符	说明
\n	换行符
\r	回车符
\t	制表符
\\	反斜线
\$	$字符
\"	双引号
\nnn	最多 3 位八进制数表示的 ASCII 码对应的字符
\xnn	最多 2 位十六进制数表示的 ASCII 码对应的字符

代码举例如下。

```php
<?php
    $name="Tome";
    echo "His name is $name";              //输出：His name is Tome
```

③ 定界符字符串

定界符字符串指使用定界符 "<<<" 来定义字符串，其基本格式为

```
$变量 = <<<标识符
  字符串内容
  ……
  字符串内容
标识符;
```

"<<<标识符" 表示下一行为字符串开始，标识符后面不能有任何字符。"标识符;" 表示字符串结束，注意末尾的分号。字符串结束符号必须单独放在一行，"标识符;" 前后不允许有其他任何字符，举例如下。

```php
<?php
        $name=<<<ccc
春眠不觉晓
处处闻啼鸟
夜来风雨声
花落知多少
ccc;
    echo $name;                  //输出时，浏览器中的换行应加入<br>标记
```

（5）数组

PHP 中的数组相比于其他高级程序设计语言更复杂，也更灵活。PHP 数组的每个数组元素拥有一个 "键" 和 "值"。键名作为索引，用于访问数组元素。数组元素可以存储整型、浮点型、字符串型、布尔型或数组等类型的数据。在 PHP 中，array()函数用于创建数组。array()函数基本格式如下。

```
$var = array(key1=>value1 , key2=>value2, key3=>value3 , …… );
```

其中，$var 为保存数组的变量，key1、key2、key3 等为键，可以使用整数或字符串作为键。创建数组后，可使用 print_r()函数输出数组，查看数组的键值，代码如下。

```php
<?php
    $a=array("one","two","three");
    print_r($a);                        //输出 Array ( [0] => one [1] => two [2] => three )
    echo $a[1];                         //输出第 2 个数组元素值 two
    $a=array("one","b"=>"two","three");
    print_r($a);                        //输出 Array ( [0] => one [b] => two [1] => three )
    echo $a[1];                         //输出第 2 个数组元素值 three
    $a=array("name"=>"Mike","sex"=>"男","age"=>25);
    print_r($a);                        //输出 Array ( [name] => Mike [sex] =>男[age] => 25 )
    echo $a["name"];                    //输出第 1 个数组元素值 Mike
```

📖 提示：

在创建数组时，如果省略了键名，则默认键名依次为 0、1、2…若只为个别元素指定了字符串作为键名，则剩余未指定键名的数组元素的键名仍依次为 0、1、2…若用整数作为数组元素键名，则其后数组元素默认键名从该整数起依次加 1，例如，$a=array("one",5= >"two","three")，第三个元素的键名为 6。比较特殊的情况是指定的键名比前面元素的键名小，则其后元素的默认键名为前面值最大的键名加 1，例如，$a=array(7=>"one",3=>"two","three");，第三个元素的键名为 8。

（6）object（对象）类型

object 变量用于保存类的实例（即对象），代码举例如下。

```php
<?php
    class student{                   //定义类
        var $name;
        function set_name($name){$this->name=$name;}
    }
    $one=new student();              //创建类的实例对象存入
    $one->set_name("mike");          //访问类的方法
    echo $one->name;                 //访问类的成员
```

（7）NULL

NULL 表示空值，即没有值。注意，NULL 并不表示 0、空格或空字符串。未赋值的变量为 NULL。

4. 数据类型转换

数据类型转换是指将变量或值转换为另一种数据类型。PHP 中数据类型转换可分为自动数据类型转换和强制类型转换。

（1）自动数据类型转换

PHP 中变量的数据类型由存入变量的数据来决定，即在存入不同类型数据时，变量的数据类型就自动发生转换。或者在使用不同类型的数据进行运算时，所有数据自动转换为一种类型进行运算。

通常，只有布尔型、字符串型、整型和浮点型数据之间可以自动转换数据类型。下面对自动数据类型转换规则分别进行介绍。

- 布尔型值参与运算时，TRUE 转换为 1，FALSE 转换为 0。若是转换为字符串，则 TRUE 转换为"1"，FALSE 转换为空字符串。
- NULL 参与运算时，转换为数值 0。
- 整型值和浮点型值同时参与运算时，整型转换为浮点型。
- 字符串和数值（整型值或浮点型值）运算时，字符串转换为数值。通常，字符串开头的数值部分被转换。若字符串开头不包含数值，则转换为 0。例如，"1234xyz"转换为 1234，"12.34xyz"转换为 12.34，"xyz"转换为 0。

（2）强制类型转换

PHP 支持 3 种方式转换数据类型，分别为使用类型名、使用类型取值函数和设置变量类型转换，下面分别对 3 种类型转换进行介绍。

① 使用类型名转换类型

其基本格式为

(类型名)变量或数据

在变量或数据之前使用括号指定要转换的目标数据类型，如(int)2.345。

PHP 支持下列类型名数据转换。

- (int)、(integer)：转换为整型 integer。
- (bool)、(boolean)：转换为布尔类型 boolean。
- (float)、(double)、(real)：转换为浮点型 float。
- (string)：转换为字符串 string。
- (array)：转换为数组 array。
- (object)：转换为对象 object。
- (unset)：转换为 NULL。

② 使用类型取值函数

类型取值函数可以将变量或数据转换为对应类型。下面分别对 PHP 类型取值函数进行介绍。

- intval()：转换为整型，如 intval($str)。
- floatval()：转换为浮点型，如 floatval($str)。
- strval() ：转换为字符串型，如 strval($x)。

③ 设置变量类型

settype()函数用于直接设置变量的数据类型。例如：

```php
<?php
    $abc = "123.456";
    settype($abc , "integer");        //变量$abc 数据类型设置为整型，其值变为 123
    echo gettype($abc);               //输出 integer，gettype()函数可返回变量的数据类型名称
```

5．变量处理函数

除了前面介绍到的函数外，PHP 还提供了其他函数用于处理变量，下面分别进行介绍。

- is_array()：检测变量是否是数组。
- is_bool()：检测变量是否是布尔型。
- is_float()、is_double()、is_real()：检测变量是否是浮点型。
- is_int()、is_integer()、is_long()：检测变量是否是整数。
- is_null()：检测变量是否为 NULL。
- is_numeric()：检测变量是否为数字或数字字符串。
- is_object()：检测变量是否是一个对象。
- is_string()：检测变量是否是字符串。
- print_r()：输出变量信息。string、integer 或 float 等简单类型输出变量值。
- serialize()：返回变量的序列化表示的字符串。
- unserialize()：从序列化字符串中反序列化，获得序列化之前的变量值（包括其数据类型）。
- unset()：从内存删除指定的变量。
- var_dump()：与 print_r()类似，但包含了数据类型信息。

例 2.6　使用 PHP 变量，代码如下。（源代码：\chapter2\test6.php）

```php
<?php
    //使用变量和变量传地址赋值
    $x="25.67abc";                          //给变量赋值
    $y=&$x;                                 //将变量$x 的地址传递给 y
    echo '$x = ',$x,'   $y = ',$y;// 为空格
    echo "<br/>";
    echo '$x 的数据类型为：',gettype($x);       //输出变量数据类型
    echo "<br/>";

    //使用变量数据类型转换
    $n=$x+100;                              //这里$x 会自动转换为浮点数,100 也转
                                           //换为浮点数
    echo '$n = ',$n,'  其数据类型为：',gettype($n);
    echo "<br/>";

    //使用数组
    $a=array("one","two","three");
    echo '使用：array("one","two","three")创建的数组为：';
    print_r($a);                            //输出数组信息
    echo "<br/>";
    echo '使用：array("name"=>"Mike","sex"=>"男","age"=>25)创建的数组为：';
    $a=array("name"=>"Mike","sex"=>"男","age"=>25);
    print_r($a);                            //输出数组信息
```

例 2.6 代码在 IE 浏览器中的显示结果如图 2.10 所示。

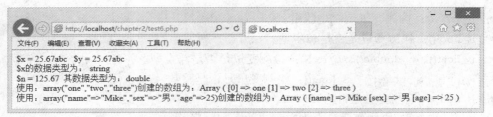

图 2.10　在 IE 浏览器中的显示结果

2.2.4　PHP 运算符与表达式

运算符用于完成某种运算，包含运算符的式子称表达式。参与运算的数据称操作数。根据参与运算的操作数的个数，在运算过程中还将运算符分为算术运算符、位运算符、赋值运算符、比较运算符、逻辑运算符、错误控制运算符等，下面分别进行介绍。

1．算术运算符

算术运算符用于执行算术运算。表 2.3 列出了 PHP 的算术运算符。

表 2.3　PHP 算术运算符

运算符	说明	举例
－	符号取反	-$x
+	加法运算	$x + $y
－	减法运算	$x － $y
＊	乘法运算	$x ＊ $y
/	除法运算	$x / $y
%	取模运算	$x % $y，求$x 除以$y 的余数
++	自加	++$x，$x 先加 1 再返回其值；$x++，先返回$x 的值，$x 再加 1
－－	自减	－－$x，$x 先减 1 再返回其值；$x－－，先返回$x 的值，$x 再减 1

除法运算通常获得浮点型运算结果。当两个整数相除，并且刚好被整除，则获得整型运算结果。而取模运算的操作数必须是整数，若操作数不是整数，则先去掉小数部分，将其转换为整数。余数符号与第一个操作数的符号相同。

例 2.7　使用 PHP 加法运算，代码如下。（源代码：\chapter2\test7.php）

```php
<?php
    $x = -9;
    $y = 2;
    echo '$x = -9    $y = 2<br>';
    echo '-$x = ',-$x ,"<br>";
    echo '$x + $y = ',$x + $y ,"<br>";
    echo '$x - $y = ',$x - $y ,"<br>";
    echo '$x * $y = ',$x * $y ,"<br>";
    echo '$x / $y = ',$x / $y ,"<br>";
    echo '$x % $y = ',$x % $y ,"<br>";
```

例 2.7 代码在 IE 浏览器中的显示结果如图 2.11 所示。

图 2.11　使用 PHP 加法运算

2．位运算符

位运算符用于按二进制位执行运算。表 2.4 列出了 PHP 的位运算符。

表 2.4　PHP 位运算符

运算符	说明	举例
~	按位取反	~$x
&	按位与	$x & $y，1 和 1 与时为 1，否则为 0
|	按位或	$x | $y，0 和 0 或时为 0，否则为 1
^	按位异或	$x ^ $y，对应位相同时为 0，否则为 1
<<	左移	$x << $y，$x 按位向左移动$y 位，末尾补 0
>>	右移	$x >> $y，$x 按位向右移动$y 位，最高位保持不变

位运算向左移位时，最低位总是补 0，最高位移出丢弃，即符号位不保留；向右移位时，最高位（符号位）保持移出之前的值，即不改变符号。

如果两个操作数都是字符串，则按字符的 ASCII 码执行位运算。

例 2.8　使用 PHP 位运算，代码如下。（源代码：\chapter2\test8.php）

```php
<?php
    $x = -9;
    $y = 2;
    echo '$x = -9     $y = 2<br>';
    echo "-9 的二进制：1111 0111<br>";
    echo "+2 的二进制：0000 0010<br>";
    echo '~$x = ',~$x ,"<br>";
    echo '$x & $y = ',$x & $y ,"<br>";
    echo '$x | $y = ',$x | $y ,"<br>";
    echo '$x ^ $y = ',$x ^ $y ,"<br>";
    echo '$x << $y = ',$x << $y ,"<br>";
    echo '$x >> $y = ',$x >> $y ,"<br>";
```

例 2.8 代码在 IE 浏览器中的显示结果如图 2.12 所示。

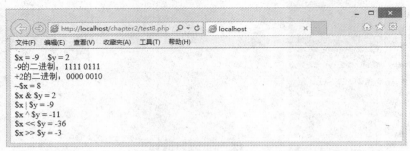

图 2.12　位运算符结果

3．赋值运算符

最简单的赋值运算是使用 "=" 将一个表达式的值赋值给一个变量。例如：

$x = 12;

PHP 还支持等号与运算符结合的组合赋值运算符，如表 2.5 所示。

表 2.5　PHP 赋值运算符

运算符	说明	举例	等价形式
+=	加法赋值	$x + = $y	$x = $x + $y
−=	减法赋值	$x −= $y	$x = $x − $y
*=	乘法赋值	$x *= $y	$x = $x * $y
/=	除法赋值	$x /= $y	$x = $x / $y
%=	取模赋值	$x %= $y	$x = $x % $y
&=	按位与赋值	$x &= $y	$x = $x & $y
|=	按位或赋值	$x |= $y	$x = $x	$y
^=	按位异或赋值	$x ^= $y	$x = $x ^ $y
<<=	左移位赋值	$x <<= $y	$x = $x << $y
>>=	右移位赋值	$x >>= $y	$x = $x >> $y
.=	字符串连接赋值	$x .= $y	$x = $x . $y

点号（.）是字符串连接符号，将两个字符串连接在一起。赋值运算作为表达式使用时，表达式的值就是所赋的值。例如：

$x = ($y =10) +5;　　　　　//$y 的值为 10，$x 的值为 15

4．比较运算符

比较运算符用于将两个操作数做比较，比较结果为布尔值。如果操作数为数值，则数值比较大小；如果操作数是字符串，则按对应字符的 ASCII 大小进行比较。表 2.6 列出了 PHP 的比较运算符。

表 2.6　PHP 比较运算符

运算符	说明	举例	比较结果
==	相等	$x == $y	$x 和$y 相等时结果为 TRUE，否则为 FALSE
===	全等	$x === $y	$x和$y相等且类型相同时结果为 TRUE,否则为 FALSE

46

运算符	说明	举例	比较结果
!=	不等	$x != $y	$x 不等于$y 时结果为 TRUE，否则为 FALSE
<>	不等	$x <> $y	$x 不等于$y 时结果为 TRUE，否则为 FALSE
!==	非全等	$x !== $y	$x 和$y 的值或类型不同时结果为 TRUE，否则为 FALSE
<	小于	$x < $y	$x 小于$y 时结果为 TRUE，否则为 FALSE
>	大于	$x > $y	$x 大于$y 时结果为 TRUE，否则为 FALSE
<=	小于等于	$x <= $y	$x 小于等于$y 时结果为 TRUE，否则为 FALSE
>=	大于等于	$x >= $y	$x 大于等于$y 时结果为 TRUE，否则为 FALSE

5．逻辑运算符

逻辑运算符用于两个布尔型操作数之间的运算，运算结果为布尔值。表 2.7 列出了 PHP 的逻辑运算符。

表 2.7　PHP 逻辑运算符

运算符	说明	举例	运算结果
!	逻辑非	!$x	$x 为 TRUE 时，结果为 FALSE，否则为 TRUE
&&	逻辑与	$x && $y	$x 和$y 都为 TRUE 时，结果为 TRUE，否则为 FALSE
and	逻辑与	$x and $y	$x 和$y 都为 TRUE 时，结果为 TRUE，否则为 FALSE
||	逻辑或	$x || $y	$x 和$y 都为 FALSE 时，结果为 FALSE，否则为 TRUE
or	逻辑或	$x or $y	$x 和$y 都为 FALSE 时，结果为 FALSE，否则为 TRUE
xor	逻辑异或	$x xor $y	$x 和$y 不同时，结果为 TRUE，否则为 FALSE

6．错误控制运算符

PHP 允许在表达式之前使用@符号来屏蔽表达式中的错误。例如：

```
echo @(9/0);
```

表达式 9/0 表示除数为 0 时将显示出错。因为使用了@符号，PHP 忽略该表达式，不会输出任何信息。

 提示：

若用 set_error_handler()设定了自定义的错误处理函数，即使使用了@符号，表达式出错时仍会调用自定义的错误处理函数进行处理。若 php.ini 中 track_errors 设置为 on，表达式错误信息会存放在变量$php_errormsg 中。

 提示：

若 “@” 符号屏蔽了会导致脚本终止的严重错误，则 PHP 脚本可能没有任何提示信息就消散。所以建议最好不要使用错误控制运算符。

7．执行运算符

执行运算符是指 PHP 允许使用反引号（ ` ）来执行操作命令，并返回命令执行结果。例如：

```php
<?php
header("content-type:text/html; charset=gb2312");        //设置字符编码, 以便正常显示汉字
$x = `ping 127.0.0.1`;                                     //执行 IP 地址测试命令
echo "<pre>$x</pre>";                                      //按命令结果原始格式输出
```

该例在 PHP 代码中执行 ping 命令测试 IP, 在 IE 浏览器中的显示结果如图 2.13 所示。

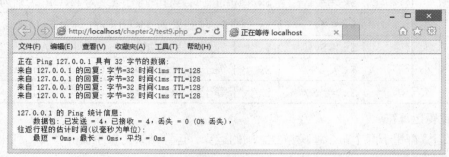

图 2.13　使用 PHP 执行运算符

8. 条件运算符

条件运算符类似于 if 语句, 其基本格式为

(表达式 1) ? (表达式 2) : (表达式 3)

若表达式 1 的值为 TRUE, 则返回表达式 2 的值, 否则返回表达式 3 的值。例如:

```php
$x = (is_numeric($y)) ? (floattval($y)) : ("输入错误! ");
echo $x;
```

9. 运算符的优先级

当表达式中包含多种运算时, 将按运算符的优先顺序进行计算。表 2.8 按照优先级从高到低的顺序列出了 PHP 中的运算符。

表 2.8　PHP 逻辑运算符

运算符	优先级
( )	高
++、--、~、(强制类型转换)	
!	
★、/、%	
+、-、.	
<<、>>	
==、!=、===、!==、<>	
&	
^	
|	
&&	
||	

运算符	优先级
? :	
=、+=、−=、★=、/=、.=、%=、&=、 |=、^=、<<=、>>=	
and	
xor	
or	低
,	

2.2.5　PHP 程序流程控制

PHP 程序流程控制包括 if 语句、switch 语句、for 语句、foreach 语句、while 语句、do…while 语句以及特殊流程控制语句等。

1．if 语句

if 语句根据条件执行不同分支。if 语句可分简单 if 语句、if…else 语句和 if…else if 语句。

（1）简单 if 语句

简单 if 语句的基本格式如下：

```
if(表达式)
{
    语句组;
}
```

表达式的值为 TRUE 时，执行大括号中的语句组。如果只有一条语句，则可省略大括号。

将两个变量中的数按大小排序，代码如下：

```
if ( $x > $y )
{
 $t = $x;
 $x = $y;
 $y = $t;
}
```

（2）if…else 语句

if…else 语句的基本格式如下：

```
if(表达式)
{
    语句组1;
}
else
{
    语句组2;
}
```

表达式的值为 TRUE 时，执行语句组 1，否则执行语句组 2。

下面的代码用于判断变量$x 中的数是否为闰年：

```php
if ((($x % 4) ==0 and $x % 100 <>0) or $x % 400 ==0 )
    echo "$x 是闰年！";
else
    echo "$x 不是闰年！";
```

（3）if…else if 语句

if…else if 语句基本格式如下：

```
if (表达式 1)
{
  语句组 1;
}
else if (表达式 2)
{
  语句组 2;
}
…
else if (表达式 n)
{
  语句组 n;
}
else
{
  语句组 n+1;
}
```

执行时，按顺序计算各个表达式的值。若表达式的值为 TRUE，则执行对应的语句组，执行完后，if 语句结束。若所有表达式的值都为 FALSE，则执行 else 部分的语句组 n+1。

下面的代码用于根据分数输出评语：

```php
if($x>90)
    echo "优秀";
else if($x>75)
    echo "中等";
else if($x>=60)
    echo "及格";
else
    echo "不及格";
```

例 2.9　产生 3 个 100 以内的随机正整数，按照从小到大的顺序输出，代码如下。（源代码：\chapter2\test9.php）

```php
<?php
    ////随机产生 3 个 0～100 范围内的整数，按从小到大的顺序输出
```

```php
$x=rand(0,100);
$y=rand(0,100);
$z=rand(0,100);
echo "排序前：$x $y $z<br>";
if($x>$y)
{    //$x>$y，交换$x、$y 的值
    $t=$x;
    $x=$y;
    $y=$t;
    if($y>$z)
    {    //$y>$z，交换$y、$z 的值,交换后$z 中为最大值
        $t=$y;
        $y=$z;
        $z=$t;
    }
    if($x>$y)//因为$y 和$z 可能发生交换，所以再次比较$x 和$y
    {    //$x>$y，交换$x、$y 的值，交换后$x、$y、$z 的值从小到大
        $t=$x;
        $x=$y;
        $y=$t;
    }
}else{ //$x<$y，进一步比较
    if($y>$z)
    {
        $t=$y;
        $y=$z;
        $z=$t;
    }
    if($x>$y)
    {
        $t=$x;
        $x=$y;
        $y=$t;
    }
}
echo "排序后：$x $y $z";
```

例 2.9 代码在 IE 浏览器中的显示结果如图 2.14 所示。

图 2.14　if 语句实例

 提示：

rand($min,$max)函数返回一个[$min,$max]范围内的随机整数。自 PHP 4.2.0 开始，系统自动设置随机数种子，不需要调用 srand()和 mt_rand()函数进行设置。

2．switch 语句

switch 语句类似于 if…else if，用于实现多分支选择结构，其基本格式为

```
switch (表达式 )
{
    case    值 1：
            语句组 1；
            break；
    case    值 2：
            语句组 2；
            break；
    …
    case    值 n：
            语句组 n；
            break；
    default：
            语句组 n+1；
}
```

在执行 switch 语句时，首先计算表达式的值，然后按顺序测试表达式的值与 case 后执行的值是否匹配。如果匹配，则执行对应的语句组。语句组执行完后，遇到 break 则结束 switch 语句。如果没有 break 语句，则继续执行后继 case 块中的代码，直到遇到 break 或 switch 语句结束。如果没有值与表达式的值匹配，则执行 default 部分的语句组。default 部分可以省略。

例 2.10　以下代码产生了一个[1,7]范围内的随机正整数，输出对应是星期几。（源代码：\chapter2\test10.php）

```
<?php
    $n=rand(1,7);
    switch ($n)
    {
        case 1:        $c="星期一";     break;
        case 2:        $c="星期二" ；    break;
        case 3:        $c="星期三"；     break;
```

```
        case 4:      $c="星期四";      break;
        case 5:      $c="星期五";      break;
        case 6:      $c="星期六";      break;
        default :    $c="星期日";      break;
    }
    echo $n," ",$c;
```

例 2.10 代码在 IE 浏览器中的显示结果如图 2.15 所示。

图 2.15　switch 语句实例

3. for 循环

for 循环基本格式如下：

```
for (表达式 1; 表达式 2; 表达式 3)
{
    语句组;
}
```

语句组也称循环体。若只有一条语句，可省略大括号。表达式 1 中通常为循环控制变量赋初始值。

for 循环执行过程如下。

① 计算表达式 1。

② 计算表达式 2,，若结果为 TRUE，则进行第③步操作，否则循环结束。

③ 执行语句组。

④ 计算表达式 4，转第②步。

例 2.11　计算 1+2+3+…+100，代码如下。（源代码：\chapter2\test11.php）

```php
<?php
    $s=0;
    for($i=1;$i<=100;$i++)
        $s+=$i;
    echo "1+2+3+......+100=$s";
```

例 2.11 代码在 IE 浏览器中的显示结果如图 2.16 所示。

图 2.16　for 循环实例

4. foreach 循环

foreach 循环用于数组或对象，遍历其成员。

foreach 循环基本格式为

```
foreach($a as $var)
{
    语句组;
}
```

变量$var 依次取数组$a 中的每一个值。例如：

```
$a=array("one","two","three","four");
foreach($a as $v)
    echo "$v";              //依次输出"one""two""three""four"
```

foreach 循环基本格式为

```
foreach($a as $key=>$val)
{
    语句组;
}
```

变量$key 依次取数组$a 中的每一个键名，变量$val 则取键名对应的值。例如：

```
$a=array("one","two","three","four");
foreach($a as $k=>$v)
    echo "\$a[$k]=$v";      //输出$a[0]=one$a[1]=two$a[2]=three$a[3]=four
```

5．while 循环

while 循环的基本格式为

```
while(表达式)
{
    语句组;
}
```

或者：

```
while(表达式)
    语句组;
endwhile
```

while 循环执行时首先计算表达式的值，若结果为 TURE，则执行语句组，否则循环结束。语句组执行完后，重新计算表达式的值，判断是否循环。

下面的代码使用 while 循环计算 1+2+3+…+100，例如：

```
$s=0;
$i=1;
while($i<=100)
{
    $s+=$i;
    $i++;
}
echo "1+2+3+……+100=$s";
```

6．do…while 循环

do…while 循环基本格式如下：

```
do
{
    语句组;
}while(表达式);
```

可以看出，do…while 循环与 while 循环的区别在于，do…while 循环首先执行一次循环体中的语句，然后计算表达式的值判断是否循环。例如：

```
$s=0;
$i=1;
{
    $s+=$i;
    $i++;
} while($i<=100);
```

7．特殊流程控制语句

PHP 提供了几个特殊语句用于控制程序流程，分别为 continue、break、exit 和 die，下面分别进行介绍。

（1）continue 语句

continue 语句用于 for、while、do…while 等循环中，其作用是结束本轮循环，开始下一次循环，continue 之后的循环语句不再执行。

下面的循环计算[1，100]范围内不能被 3 整除的数之和，代码如下：

```
$s=0;
for($i=1;$i<=100;$i++)
{
    if($i%3==0) continue;        //$i 能被 3 整除时，后面的$s+=$i;不会执行
    $s+=$i;
}
echo $s;
```

该程序等价于：

```
$s=0;
for($i=1;$i<=100;$i++)
    if($i%3<>0) $s+=$i;          //$i 不能被 3 整除时，执行累加
echo $s;
```

通过对比，显然第 2 种程序更容易理解，所以除非必要，尽量少用 continue 等特殊流程控制语句。

在多重循环中，可以为 continue 指定一个参数来决定开始外面的第几重循环。

（2）break 语句

break 语句用在循环中可以跳出当前循环，例如：

```
$i=1;
$s=0;
```

```
do{
    $s+=$i;
    $i++;
    if($i>100) break;
}while(true);
```

在多重循环中，同样可以为 break 指定一个参数来决定跳出几重循环。

（3）exit 语句

exit 语句用于输出一个消息并结束当前脚本，例如：

```
if($n==5143) exit("达到设置条件，脚本提前结束！");
```

（4）die 语句

die 语句等同于 exit 语句，例如：

```
if($n==5143) die("达到设置条件，脚本提前结束！");
```

2.3 项目实现

趣味数学问题页面中一共输出了 9 行数据。若用 "$a" 表示行数（初始值为 1），$b 表示上一行等号前面的算术表达式中的第 1 个操作数（初始值为 0），则第$a 行第 1 个数等于 $b*10+$a。

实例代码：

```
<?php
echo "<center>";                    //设置输出的数据居中对齐
$b=0;
for($a=1;$a<=9;$a++)                //循环 9 次，每循环一次输出一行数据
{
    $b=$b*10+$a;                    //计算每行中的第 1 个数，存入$b，下次循环继续使用
    $c=$b*8+$a;                     //计算每行中等号前算术表达式的值
    echo "$b × 8 + $a = $c <br>";   //输出表达式
}
echo "</center>";
```

2.4 巩固练习

1．选择题

（1）下列说法正确的是（   ）。

    A．PHP 代码只能嵌入 HTML 代码中

    B．在 HTML 代码中只能开始标识<?PHP 和结束标识?>之间嵌入 PHP 程序代码

    C．PHP 单行注释必须独占一行

    D．在纯 PHP 代码中，可以没有 PHP 代码结束标识

（2）下列 4 个选项中，可作为 PHP 常量名的是（   ）。

    A．$_abc   B．$123

　　　　C．_abc　　　　　　　　　　　　　　D．123

（3）执行下面的代码后，输出结果为（　　　　）。

```
$x = 10;
$y = &$x;
$y = "5ab";
echo $x+10;
```

　　　　A．10　　　　　　　　　　　　　　B．15
　　　　C．"5ab10"　　　　　　　　　　　　D．代码出错

（4）执行下面的代码后，输出结果为（　　　　）。

```
$x = 10;
$x++;
echo $x++;
```

　　　　A．10　　　　　　　　　　　　　　B．11
　　　　C．12　　　　　　　　　　　　　　D．13

（5）下列关于全等运算符"==="说法正确的是（　　　　）。

　　　　A．只有两个变量的数据类型相同时才能比较

　　　　B．两个变量数据类型不同时，将转换为相同数据类型再比较

　　　　C．字符串和数值之间不能使用全等运算符进行比较

　　　　D．只有当两个变量的值和数据类型都相同时，结果才为 TRUE

2．问答题

（1）简述可用哪些方式在 HTML 中插入 PHP 代码。

（2）简述 include 和 require 的区别。

（3）简述 PHP 变量命名规则。

3．编程题

　　斐波那契数列的定义为 $f(0)=0$，$f(1)=1$，$f(n)=f(n-1)+f(n-2)(n \geq 2)$。创建一个 PHP 文件，在网页中输出斐波那契数列的前 10 项，如图 2.17 所示。（源代码：\chapter2\practice.php）

图 2.17　输出斐波那契数列的前 10 项

PART 3

项目三
随机数矩阵

在 PHP 中，数组是一种数据类型。在内存中，数组是多个连续的内存单元。因为 PHP 是弱类型，所以在数组中可存放任意类型的多个数据。PHP 提供了大量内置函数来处理数组，本章将重点介绍如何使用各种函数来操作数组。

在 Web 应用中，很多情况下数据都以字符串形式进行处理。PHP 同样提供了大量内置函数来完成各种字符串操作。本章将具体介绍字符串的处理方法。

项目要点

- 数组的创建
- 数组操作函数
- 字符串操作函数

具体要求

- 掌握各种创建数组的方法
- 掌握各种数组操作函数的使用
- 掌握各种字符串操作函数的使用

3.1 项目目标

在网页中输出 1～1000 的随机整数组成的矩阵，找出矩阵中满足"在行中最小，在列中最大"的数并输出，如图 3.1 所示。（源代码：\chapter3\example.php）

图 3.1 输出随机数矩阵

图 3.1　输出随机数矩阵（续）

3.2　相关知识

3.2.1　数组操作

一个数组由多个元素组成，每个元素又包含键名和值。与其他程序设计语言类似，PHP 用数组名加下标来访问数组元素。PHP 中，键名就是数组元素下标，下标是整数或字符串。若使用浮点数或只包含整数的字符串作为下标，则会自动转换为整数。数组元素的值可以是整数、浮点数、字符串、另一个数组或者对象。在数组元素中保存一个数组，则可构成二维数组。当然也可以构成三维数组或多维数组。

如果用语句创建一个一维数组，代码如下。

$a = array("one","two","three");

图 3.2 所示说明了数组在内存中的存放形式：

1．直接赋值创建数组

在 2.3.3 节中介绍了使用 array() 函数创建数组的方法，而 PHP 与其有所不同，它允许通过直接给数组元素赋值来创建数组，基本格式为

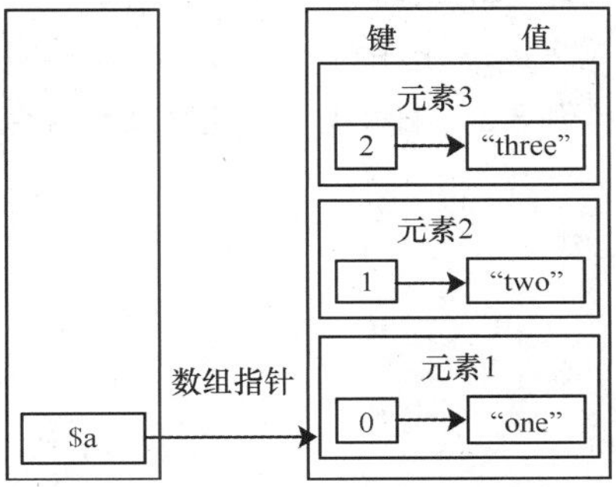

图 3.2　数组在内存中的存放形式

$数组名[下标] = 表达式;

例如：

$a[1]="two";

如果数组中已存在相同下标的元素，则该元素的值被修改；否则在数组末尾添加一个新的数组元素。

在给数组元素赋值时，可省略下标。例如：

$a[]="one";

在省略下标时，PHP 总是在数组末尾添加新的数组元素，数组下标为最大键值加 1。若数组中还没有元素或现有元素键值均为字符串，则新添加的数组元素下标为 0。

例 3.1　通过赋值创建数组及修改和添加元素的程序代码如下。（源代码：\chapter3\ test1.php）

```php
<?php
    $a[]="one";
    $a[]="two";
    $a[]="three";
    var_dump($a);          //输出数组信息
```

```
$a[1]=200;                    //$a[1]的值从"two"修改为200
$a[]=2.5;                     //添加数组元素
echo "<br>";
var_dump($a);                 //输出数组信息
```

例 3.1 代码在 IE 中的显示结果如图 3.3 所示。从图中可以看出，var_dump()函数输出了数组变量的数据类型，包含数组元素个数，以及每个数组元素的数据及其类型。

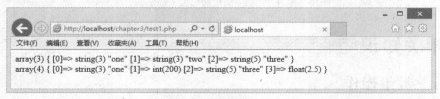

图 3.3　元素的数据及其类型

2．创建多维数组

将数组保存到一维数组的元素中即可创建二维数组，通过类似操作可进一步创建多维数组。

例 3.2　编写代码，利用二维数组输出杨辉三角。（源代码：\chapter3\test2.php）

```
                         1
                     1       1
                 1       2       1
             1       3       3       1
         1       4       6       4       4
                        ......
```

将杨辉三角左对齐，如下所示。

```
1
1   1
1   2   1
1   3   3   1
1   4   6   4   1
......
```

可以看出杨辉三角第一列和对角线上数字均为 1，其他位置的数字为上一行同列和前一列数字之和。

可以将杨辉三角先存入二维数组，然后在网页中显示，代码如下。

```
<?php
$n=8;                              //$n 中为杨辉三角阶数，对应输出行数
for($a=0;$a<=$n;$a++)              //创建二维数组
    $yh[$a]=array(0);             //一维数组元素存入只有一个元素的数组
for($a=0;$a<=$n;$a++)              //生成杨辉三角
    for($b=0;$b<$a;$b++)
        if($b==0 or $a==$b+1)
            $yh[$a][$b]=1;        //第一列或对角线元素为 1
```

```
        else
            $yh[$a][$b]=$yh[$a-1][$b-1]+$yh[$a-1][$b];
echo "$n 阶杨辉三角：<br><center>";
for($a=0;$a<=$n;$a++)                        //使用两个嵌套的 for 循环输出杨辉三角
{
    for($b=0;$b<$a;$b++)
        echo "   ",$yh[$a][$b],"   ";
    echo "<br>";
}
echo "</center>";
```

例 3.2 代码在 IE 中的显示结果如图 3.4 所示。

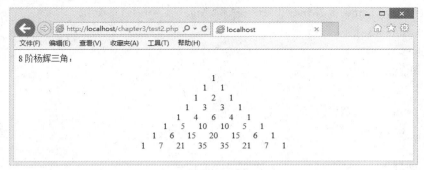

图 3.4　杨辉三角

3．创建数值或字符数组

range()函数可以返回包含指定范围内数值或字符的数组，其基本格式为

```
range($start, $end, $step)
```

其中参数$start 和$end 为整数、浮点数或字符，用于指定参数范围。$step 指定返回的数组元素之间的增量，默认为 1。若$start 大于$end，则按从小到大的顺序返回。例如：

```
<?php
    //创建数组，使用默认下标 0、1、2
    $a=   range(0,5);
    print_r($a);          //输出为 Array ( [0] => 0 [1] => 1 [2] => 2 [3] => 3 [4] => 4 [5] => 5 )
    echo '<br>';
    $a=   range(5,0);
    print_r($a);          //输出为 Array ( [0] => 5 [1] => 4 [2] => 3 [3] => 2 [4] => 1 [5] => 0 )
    echo '<br>';
    $a=   range(0.3,5);
    print_r($a);          //输出为 Array ( [0] => 0.3 [1] => 1.3 [2] => 2.3 [3] => 3.3 [4] => 4.3 )
    echo '<br>';
    $a=   range(0,8,2);
    print_r($a);          //输出为 Array ( [0] => 1 [1] => 3 [2] => 5 [3] => 7 )
    echo '<br>';
    $a=   range('a','e');
```

```
    print_r($a);          //输出为 Array ( [0] => a [1] => b [2] => c [3] => d [4] => e )
    echo '<br>';
$a=    range('a','e',2);
    print_r($a);          //输出为 Array ( [0] => a [1] => c [2] => e )
```

4．使用 each () 函数操作数组

each()函数返回一个包含数组当前元素键/值对应的数组，并将数组指针指向下一个数组元素。each()函数返回的数组包含 4 个元素，元素下标依次为 1、value、0 和 key。1 和 value 对应元素中为原数组元素的值，0 和 key 对应元素中为原数组元素的下标。

如果数组指针指向了数组末尾（最后一个元素之后），则返回 FALSE。

例 3.3 使用 each()函数遍历数组，代码如下。（源代码：\chapter3\test3.php）

```php
<?php
    $a=array("name"=>"Mike","sex"=>"男","age"=>30);//创建数组
    var_dump($a);
    echo "<br>";
    while($b=each($a))
    {
        var_dump($b);
        echo "<br>";
    }
```

代码中将赋值表达式"$b=each($a)"作为 while 循环条件。在$a 的数组指针指向数组元素时，赋值表达式的值与变量$b 相同——是一个数组，该数组转换为布尔值 TRUE，所以执行 while 循环。在$a 的数组指针指向数组末尾时，each()函数返回 FALSE，while 循环结束。

例 3.3 代码在 IE 中的显示结果如图 3.5 所示。

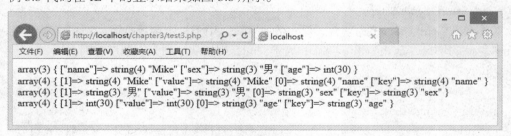

图 3.5　使用 each()函数操作数组

5．使用 list () 函数操作数组

list()函数用于将数组中各个元素的值赋值给指定的变量，其基本格式为

```
list(变量 1, 变量 2, 变量 3,…) = 数组变量
```

list()函数依次将下标为 0、1、2…的数组元素赋值为指定的变量。如果数组中的元素没有这些下标，变量值为 NULL，PHP 会产生一个 Notice 错误信息。

例 3.4 使用 list()函数操作数组，代码如下。（源代码：\chapter3\test4.php）

```php
<?php
    //创建数组，使用默认下标 0、1、2
    $a=array("one","two","three");
    print_r($a);                      //输出数组信息
```

```
list($x,$y,$z)=$a;                        //将下标为 0、1、2 的元素值依次赋值给变量
echo '<br>list($x,$y,$z)=$a;//将下标为 0、1、2 的元素值依次赋值给变量<br>'
echo "\$x = $x   \$y = $y   \$z = $z   <br><br>"

//创建数组，使用指定下标 2、1、0
$a=array(2=>"one",1=>"two",0=>"three");
print_r($a);                              //输出数组信息
list($x,$y,$z)=$a;                        //将下标为 0、1、2 的元素值依次赋值给变量
echo '<br>list($x,$y,$z)=$a;//将下标为 0、1、2 的元素值依次赋值给变量<br>'
echo "\$x = $x   \$y = $y   \$z = $z   <br><br>"

//创建数组，为第 2 个元素指定字符串下标
$a=array("one","b"=>"two","three","four");
print_r($a);                              //输出数组信息
list($x,$y,$z)=$a;                        //将下标为 0、1、2 的元素值依次赋值给变量
echo '<br>list($x,$y,$z)=$a;//将下标为 0、1、2 的元素值依次赋值给变量<br>'
echo "\$x = $x   \$y = $y   \$z = $z   <br><br>"

//创建数组，为第 3 个元素指定字符串下标
$a=array("one","two",3=>"three","four");
print_r($a);                              //输出数组信息
list($x,$y,$z)=$a;                        //将下标为 0、1、2 的元素值依次赋值给变量
echo '<br>list($x,$y,$z)=$a;//将下标为 0、1、2 的元素值依次赋值给变量<br>'
echo "\$x = $x   \$y = $y   \$z = $z   <br><br>"
```

代码中最后一个 "list($x,$y,$z)=$a;" 语句执行时，因为数组$a 中没有下标为 2 的元素，所以出错，对应变量$z 的值为 NULL。

例 3.4 代码在 IE 中的显示结果如图 3.6 所示。

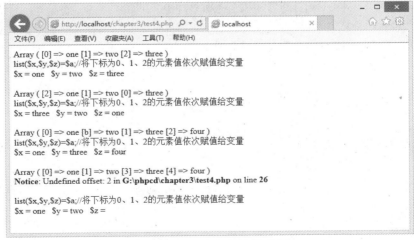

图 3.6　使用 list()函数操作数组

6. 使用数组指针操作数组

PHP 提供了数组指针相关的函数来操作数组，下面分别进行介绍。

- next()：使数组指针指向下一个元素。
- prev()：使数组指针指向前一个元素。
- end()：使数组指针指向最后一个元素。
- reset()：使数组指针指向第一个元素。
- current()：返回当前数组元素的值。
- key()：返回当前数组元素的下标。

例 3.5　使用数组指针操作数组，代码如下。（源代码：\chapter3\test5.php）

```php
<?php
    $a=array("one","two","three");
    print_r($a);                      //输出数组信息
    echo '<br>依次输出数组元素：';
    do
    {
        echo '$a[',key($a),']=',   current($a),'  ';
    }while(next($a));                 //数组指针指向数组末尾时，循环结束

    //前面循环结束后，数组指针指向数组末尾
    echo '<br>执行 reset()函数后的当前元素：';
    reset($a);
    echo '$a[',key($a),']=',   current($a);

    echo '<br>反序输出数组元素：';
    end($a);//使数组指针指向最后一个元素
    do
    {
        echo '$a[',key($a),']=',   current($a),'  ';
    }while(prev($a));
```

例 3.5 代码在 IE 中的显示结果如图 3.7 所示。

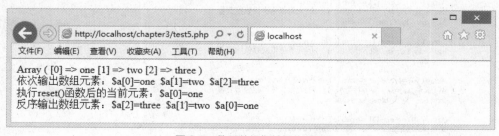

图 3.7　使用数组指针操作数组

7. 数组运算

PHP 允许数组参与一些运算，下面分别对常见的运算进行介绍。

- 数组合并：如$a + $，表示将数组$b 中下标未出现在数组$a 中的元素添加到数组$a 末尾。

- 相等比较：如$a == $b，表示若数组$a 和$b 包含相同的键/值对（顺序可以不同），则结果为 TRUE，否则为 FALSE。
- 全等比较：如$a === $b，表示若数组$a 和$b 包含相同的键/值对（顺序、数据类型均相同），则结果为 TRUE，否则为 FALSE。
- 不等比较：如$a != $b，表示若数组$a 不等于数组$b，则结果为 TRUE，否则为 FALSE。
- 不等比较：如$a <> $b，表示若数组$a 不等于数组$b，则结果为 TRUE，否则为 FALSE。
- 不全等比较：如$a !== $b，表示若数组$a 不全等于数组$b，则结果为 TRUE，否则为 FALSE。

例如：

```php
<?php
    $a=array("one","two","three");
    $b=array("four",2=>"five","six");
    $c=$a+$b;
    print_r($c);//输出 Array ( [0] => one [1] => two [2] => three [3] => six )
    echo '<br>';
    $c=$b+$a;
    print_r($c);//输出 Array ( [0] => four [2] => five [3] => six [1] => two )
```

8．数组键/值操作函数

PHP 中数组的每个元素均为一个键/值对，键/值操作函数可以使用数组元素的键或值生成新的数组。下面分别对 PHP 键值操作函数进行介绍。

- array_keys($a, $value,TRUE/FALSE)：若只指定数组变量$a，则返回包含数组全部键名的数组，数组下标为 0、1、2…。若指定了$value 参数，则只返回值等于$value 的元素的键名。第 3 个参数默认为 FALSE，若设置为 TRUE，则进行全等比较。
- array_values($a)：返回数组$a 全部值组成的数组，数组下标为 0、1、2…。
- in_array($value, $a ,TRUE/FALSE)：若数组$a 中存在值等于$value 的元素，函数返回值为 TRUE，否则为 FALSE。第 3 个参数默认为 FALSE，若设置为 TRUE，且$value 为字符串，将区别大小写进行比较。

array_flip($a)：返回一个数组，数组元素与数组$a 中对应元素的键和值正好交换。如果数组$a 中存在重复值，则返回的数组中只包含最后出现的值。

例 3.6 使用 PHP 键/值操作函数，代码如下。（源代码：\chapter3\test6.php）

```php
<?php
    $a=array("a"=>"one","two","three","two");
    echo '$a = ';
    print_r($a);
    echo '<br>array_keys($a)返回的数组：';
    print_r(array_keys($a));
    echo '<br>array_keys($a,"two")返回的数组：';
    print_r(array_keys($a,"two"));
    echo '<br>array_values($a)返回的数组：';
    print_r(array_values($a));
    echo '<br>array_flip($a)返回的数组：';
```

```php
    print_r(array_flip($a));
    if(in_array("two", $a))
        echo '<br>数组$a 中有元素值等于"two"';
    else
        echo '<br>数组$a 中没有元素值等于"two"';
    if(in_array("six", $a))
        echo '<br>数组$a 中有元素值等于"six"';
    else
        echo '<br>数组$a 中没有元素值等于"six"';
```

例 3.6 代码在 IE 中的显示结果如图 3.8 所示。

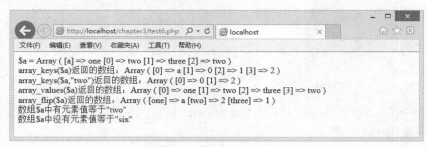

图 3.8　例 3.6 代码在 IE 中显示结果

9．统计有关的数组操作函数

下面将对 PHP 中与统计有关的数组操作函数分别进行介绍。

- count($a, 0/1)：返回数组$a 包含的元素个数。第二个参数默认为 0，表示不统计多维数组。若为 1，则要统计多维数组中的元素。
- array_count_values($a)：返回一个数组，数组元素键名为数组$a 中元素的值，元素值为数组$a 中元素值出现的次数。
- array_unique($a)：返回数组$a 中不重复的值组成的数组。
- array_rand($a,$n)：随机返回数组$a 中的$n 个元素的键名组成的数组。参数$n 省略，只返回一个元素的键名。
- array_sum($a)：返回数组$a 中所有值的和。

例 3.7　使用 PHP 的各种数组操作函数。（源代码：\chapter3\test7.php）

```php
<?php
    $b[]=array('a','b');
    $b[]=array('c','d');
    echo '$b = ';
    print_r($b);                    //输出数组信息
    echo '<br>count($b) = ',count($b);
    echo '<br>count($b,1) = ',count($b,1);

    $a=array(2,4,6,2,4,6,8,2,4,6,8,10);
    echo '<br>$a = ';
    print_r($a);                    //输出数组信息
```

```
echo '<br>array_count_values($a)返回的数组为：';
print_r(array_count_values($a));
echo '<br>array_unique($a)返回的数组为：';
print_r(array_unique($a));
echo '<br>array_rand($a)返回的数组为：';
print_r(array_rand($a));
echo '<br>array_rand($a,3)返回的数组为：';
print_r(array_rand($a,3));
echo '<br>array_sum($a)返回的值为：';
echo array_sum($a);
```

例 3.7 代码在 IE 中的显示结果如图 3.9 所示。

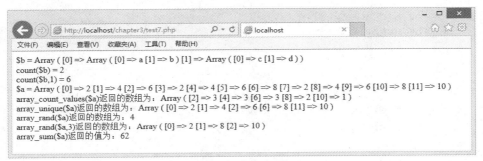

图 3.9　例 3.7 代码在 IE 中显示结果

10．数组排序

PHP 提供了多种方法对数组进行排序。

（1）对数组元素值排序

下面分别对按数组元素值排序的函数进行介绍。

- sort($a, flag)：按数组元素值从小到大排序。参数 flag 默认为 SORT_REGULAR，表示自动按识别数组元素值的类型进行排序。flag 为 SORT_NUMERIC 时表示按数值排序，为 SORT_STRING 时表示按字符串排序，为 SORT_LOCALE_STRING 时表示根据 locale 设置对数组元素值按字符串排序。sort()函数排序后，数组元素原有下标丢失，排序后元素的下标按顺序为 0、1、2…。所有排序函数排序成功返回 TRUE，否则返回 FALSE。
- rsort($a, flag)：与 sort()函数类似，不同的只是 rsort($a, flag)函数按从大到小排序。
- asort($a)：按数组元素值从小到大排序，排序后数组元素保留下标。
- arsort($a)：按数组元素值从大到小排序，排序后数组元素保留下标。

（2）对数组元素下标排序

下面分别对按数组元素下标排序的函数进行介绍。

- ksort($a)：按数组元素下标从小到大排序。
- krsort($a)：按数组元素下标从大到小排序。

（3）按自然顺序排序

natsort()函数按照"自然排序"算法对数组元素值进行排序，即将数组元素值作为字符串，按照从小到大的顺序排序。数组排序后仍保留原来的键/值对关联。

natcasesort()函数与 natsort()函数类似，只是不区分字母大小写。

（4）使用自定义函数排序

下面分别对 PHP 允许使用的函数按照用户自定义规则排序进行介绍。

- usort($a,"函数名")：与 sort()函数类似，用指定的自定义函数排序。
- uasort($a,"函数名")：与 asort()函数类似，用指定的自定义函数排序。
- uksort($a,"函数名")：与 ksort()函数类似，用指定的自定义函数排序。

指定的排序函数必须有两个参数，依次传入数组的两个元素的比较项。排序函数应在第 1 个参数小于、等于或大于第 2 个参数时返回一个小于、等于或大于零的整数。

例 3.8 按数组元素值排序，代码如下。（源代码：\chapter3\test8.php）

```php
<?php
    $a=array(5=>"Tome",2=>"abc",9=>"Mike",7=>"desk");
    echo '原数组$a 数据：';
    print_r($a);                        //输出数组信息
    echo '<br>sort($a)后$a= ';
    sort($a);
    print_r($a);                        //输出数组信息

    $a=array(5=>"Tome",2=>"abc",9=>"Mike",7=>"desk");
    echo '<br>rsort($a)后$a= ';
    rsort($a);
    print_r($a);                        //输出数组信息

    $a=array(5=>"Tome",2=>"abc",9=>"Mike",7=>"desk");
    echo '<br>asort($a)后$a= ';
    asort($a);
    print_r($a);                        //输出数组信息

    $a=array(5=>"Tome",2=>"abc",9=>"Mike",7=>"desk");
    echo '<br>arsort($a)后$a= ';
    arsort($a);
    print_r($a);                        //输出数组信息

    $a=array(5=>"Tome",2=>"abc",9=>"Mike",7=>"desk","15","5",50,20);
    echo '<br><br>原数组$a 数据：';
    print_r($a);                        //输出数组信息
    echo '<br>natsort($a)后$a= ';
    natsort($a);
    print_r($a);                        //输出数组信息

    $a=array(5=>"Tome",2=>"abc",9=>"Mike",7=>"desk","15","5",50,20);
    echo '<br>natcasesort($a)后$a= ';
```

```
natcasesort($a);
print_r($a);                        //输出数组信息

$a=array(5=>"Tome",2=>"abc",9=>"Mike",7=>"desk","15","5",50,20);
echo '<br>usort($a)后 $a= ';
usort($a,"sortByAsciiSum");
print_r($a);                        //输出数组信息

$a=array(5=>"Tome",2=>"abc",9=>"Mike",7=>"desk","15","5",50,20);
echo '<br>uasort($a)后 $a= ';
uasort($a,"sortByAsciiSum");
print_r($a);                        //输出数组信息

function sortByAsciiSum($a,$b){
    //按照字符串的 ASCII 码之和比较大小
    $x=getAsciiSum($a);
    $y=getAsciiSum($b);
    if($x==$y)
        return 0;
    else
        return $x>$y?1:-1;
}
function getAsciiSum($a){
    //获得字符串的 ASCII 码之和
    if(!is_string($a)) $a=(string)$a; //如果不是字符串，则转换为字符串
    $b=str_split($a);                 //将字符串分解为单个字符数组
    $s=0;
    foreach ($b as $val) $s+=ord($val);//求 ASCII 码之和
    return $s;
}
```

例 3.8 代码在 IE 中的显示结果如图 3.10 所示。

图 3.10　例 3.8 显示结果

11．数组集合运算

PHP 提供了一系列函数，用于对数组执行集合运算。

（1）array_slice()

array_slice()函数返回连续多个数组元素组成的数组，其基本格式为

array_slice ($a , $offset , $length , TRUE/FALSE)

该函数返回数组$a 中由$offset 和$length 确定的数组元素组成的数组。$offset 为正数表示从数组的第$offset+1 个数组元素开始取，$offset 为负数表示从数组的倒数第|$offset|（绝对值）个数组元素开始取。$length 若省略，则取到数组末尾。$length 为正数时，从指定位置开始取$length 个数组元素，直到数组末尾。$length 为负数时，从指定位置开始取到数组倒数第|$length|+1 个元素。第 4 个参数默认为 FALSE，表示不保留键名，为 TRUE 时表示保留键名。

（2）array_splice()

array_splice()函数与 array_slice()函数类似，在数组中选择一部分数组返回。区别在于：array_splice()函数会从原数组中删除选中的部分，并用指定的参数替代。原数组和返回的数组下标均为默认的 0、1、2…。

array_splice()函数基本格式为

array_splice ($a , $offset , $length , $replace)

参数$a、$offset 和$length 与 array_slice()函数中一致。$replace 用于在数组$a 中替换被删除的部分，可以是数值、字符串或一个数组。$length 和$replace 均可省略。

（3）array_combine()

array_combine()函数指用两个数组创建一个新的数组，基本格式为

array_combine($a, $b)

数组$a 和$b 个数必须一致，其元素值分别作为新数组元素的键和值。若数组$a 和$b 个数不一致，则函数返回 FALSE。

（4）array_merge()

array_merge()函数可将多个数组连接成一个新数组，基本格式为

array_merge($a,$b,$c……);

如果存在重复的下标，则保留最后一个下标对应元素；如果数组元素下标为数字，则会按连续数字重新分配下标；如果只指定一个数组参数，则返回的数组包含原数组的全部值，数组下标从 0 开始重新分配。

（5）array_intersect()

array_intersect()函数用于求数组集合的交集，即返回多个数组中包含相同值的元素，元素下标保持不变。array_intersect()函数基本格式为

array_intersect ($a,$b,$c……);

（6）array_diff()

array_diff()函数用于求数组集合的差集，即返回第 1 个数组中元素值从未在其他数组中出现过的元素，元素下标保持不变。array_diff ()函数基本格式为

array_diff ($a,$b,$c……);

例 3.9　使用 PHP 数组集合运算函数，代码如下。（源代码：\chapter3\test9.php）

```php
<?php
```

```
$a=array("one","two","three","four","five");
echo '数组$a 为：';
print_r($a);
echo '<br>array_slice($a,1,2)得到：';
print_r(array_slice($a,1,2));
echo '<br>array_slice($a,-1,2,true)得到：';
print_r(array_slice($a,-1,2,true));
echo '<br>array_slice($a,1,-2)得到：';
print_r(array_slice($a,1,-2));
echo '<br>array_slice($a,-1,-2)得到：';
print_r(array_slice($a,-1,-2));

$a=array(5=>"one","two","three","four","five");
echo '<br><br>数组$a 为：';
print_r($a);
echo '<br>array_splice($a,1,2)得到：';
print_r(array_splice($a,1,2));
echo '<br>数组$a 变为：';
print_r($a);
$a=array(5=>"one","two","three","four","five");
echo '<br><br>数组$a 为：';
print_r($a);
echo '<br>array_splice($a,1,2,"abcd")得到：';
print_r(array_splice($a,1,2,"abcd"));
echo '<br>数组$a 变为：';
print_r($a);

$a=array(5=>"one","two","three","four","five");
echo '<br><br>数组$a 为：';
print_r($a);
echo '<br>array_splice($a,1,2,array("a","b"))得到：';
print_r(array_splice($a,1,2,array("a","b",10)));
echo '<br>数组$a 变为：';
print_r($a);

$a=array("one",5=>"two","three");
$b=array(10,"a"=>20,30);
echo '<br><br>数组$a 为：';
print_r($a);
echo '<br>数组$b 为：';
```

```
print_r($b);
echo '<br>array_combine($a,$b)得到：';
print_r(array_combine($a,$b));
echo '<br>array_merge($a,$b)得到：';
print_r(array_merge($a,$b));

$a=array("one",5=>"two","three",10);
$b=array(10,"a"=>20,"two","four");
echo '<br><br>数组$a 为：';
print_r($a);
echo '<br>数组$b 为：';
print_r($b);
echo '<br>array_intersect($a,$b)得到：';
print_r(array_intersect($a,$b));
echo '<br>array_diff($a,$b)得到：';
print_r(array_diff($a,$b));
```

例 3.9 代码在 IE 中的显示结果如图 3.11 所示。

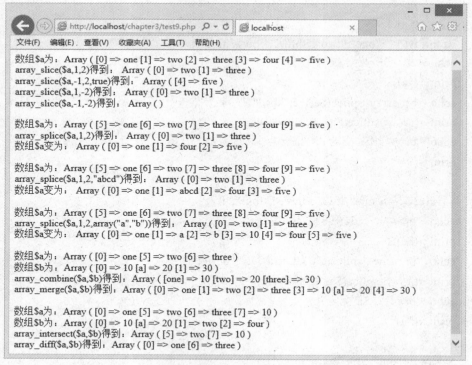

图 3.11　例 3.9 在 IE 中的显示结果

12．数组的队列和堆栈操作

PHP 允许将数组当作队列和堆栈进行操作，下面分别进行介绍。

（1）堆栈操作

堆栈的特点是"后进先出"，数据"进栈"和"出栈"操作均在堆栈顶部执行。PHP 数组堆栈操作函数的方法进行介绍。

- array_push($a,$var1,……)：在数组$a 的末尾添加数组元素保存指定的多个数据，函数返回新的数组元素个数。

- array_pop($a)：在数组末尾删除一个元素，并返回该元素的值。

（2）队列操作

队列的特点是"先进先出"，即始终在队列末尾添加数据，而取数据则始终在队列开头进行。下面分别对 PHP 队列操作函数的方法进行介绍。

- array_shift($a)：删除数组的第一个数组元素，并返回该元素的值。数组中所有数值型下标重新从 0 开始分配，字符串下标保持不变。

- array_unshift($a,$var1,……)：在数组前面添加多个数组元素。数组中数值型下标重新从 0 开始分配，字符串下标保持不变。函数返回新的数组元素个数。

例 3.10　使用 PHP 数组堆栈和队列操作函数。（源代码：\chapter3\test10.php）

```php
<?php
    $a=array("one","two");
    echo '数组$a 为：';
    print_r($a);
    echo '<br>array_push($a,50)得到：';
    print_r(array_push($a,50));
    echo '<br>数组$a 变为：';
    print_r($a);
    echo '<br>array_pop($a)得到：';
    print_r(array_pop($a));
    echo '<br>数组$a 变为：';
    print_r($a);

    $a=array("one","a"=>"two","three");
    echo '<br><br>数组$a 为：';
    print_r($a);
    echo '<br>array_shift($a)得到：';
    print_r(array_shift($a));
    echo '<br>数组$a 变为：';
    print_r($a);
    echo '<br>array_unshift($a,10,"abc")得到：';
    print_r(array_unshift($a,10,"abc"));
    echo '<br>数组$a 变为：';
    print_r($a);
```

例 3.10 代码在 IE 中的显示结果如图 3.12 所示。

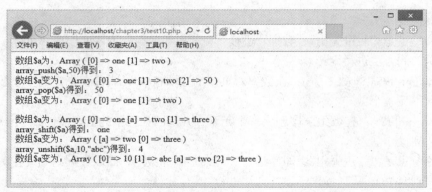

图 3.12　例 3.10 代码在 IE 中的显示结果

13．自定义数组操作函数

PHP 允许使用自定义函数来处理数组。下面对自定义函数分别进行介绍。

- array_filter($a,"函数名")：用自定义函数筛选数组，返回符合条件的数组元素构成的新数组。自定义函数接收传入的数组元素值作参数，若返回 TRUE，则表示对应元素包含在返回的数组中。

- array_walk($a, "函数名",$var)：依次调用自定义函数处理数组 $a 中的每个元素。自定义函数至少应有两个参数，第 1 个参数接收数组元素的值，第 2 个参数接收数组元素的键名。若自定义函数有第 3 个参数，则应在 array_walk() 函数中指定第 3 个参数。全部处理成功，array_walk() 函数返回 TRUE，否则返回 FALSE。

- array_map("函数名",$a,……)：array_walk() 函数一次只能处理一个数组，而 array_map() 函数则可同时处理多个数组。array_map() 函数将多个数组相同位置元素的值作为参数传递给自定义函数，自定义函数的返回值作为新数组中元素的值。如果用 NULL 作为自定义函数名，则用指定的多个数组构造一个二维数组，而且第二维数组包含原来的多个数组相同位置元素的值。

例 3.11　使用自定义函数处理数组，代码如下。（源代码：\chapter3\test11.php）

```php
<?php
    $a=range(1, 10);
    $a["a"]=12;
    function mfilter($val){
        if($val%3==0)
            return true;//如果是 3 的倍数则返回 true
    }
    echo '数组$a 为：';
    print_r($a);
    echo '<br>array_filter($a,"mfilter")得到：';
    print_r(array_filter($a,"mfilter"));

    function dowalk(&$val,$key){
        if(is_int($key) and $key%4==0)
            $val="DELETED";//如果键名为整数，且是 4 的倍数则将元素值设置为"DELETED"
    }
    echo '<br>array_walk($a,"dowalk")得到：';
```

```
print_r(array_walk($a,"dowalk"));
echo '<br>数组$a 变为：  ';
print_r($a);

  function domap($a,$b){
      //若两个参数均为整数，则执行算术加法运算，否则执行字符串连接
       if(is_int($a) and is_int($b))
             return $a+$b;
       else
             return $a.$b;
  }
  $a1=array(1,3,5);
  $a2=array(2,"4",6);
  echo '<br>数组$a1 为：';
  print_r($a1);
  echo '<br>数组$a2 为：';
  print_r($a2);
  echo '<br>array_map("domap",$a1,$a2)得到：  ';
  print_r(array_map("domap",$a1,$a2));
  echo '<br>array_map(NULL,$a1,$a2)得到：  ';
  print_r(array_map(NULL,$a1,$a2));
```

例 3.11 代码在 IE 中的显示结果如图 3.13 所示。

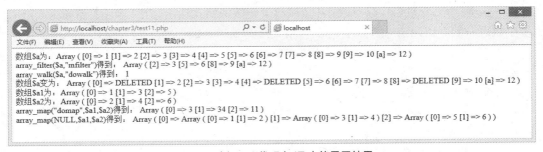

图 3.13　例 3.11 代码在 IE 中的显示结果

3.2.2　字符串操作

PHP 将字符串作为 string 类进行处理，字符串中每个字符占一个字节，所以 PHP 只支持 256 字符集，不支持 Unicode 字符集。

1. 将字符串作为数组访问

PHP 允许用将字符串当作数组进行访问。例如：

```
$a="12345";
echo $a,'<br>';                    //输出 12345
echo $a[2],'<br>';                 //输出 3
$a[2]="ab";                        //字符串的第 3 个字符修改为 a，只用了字符串"ab"中的第
```

一个字符

```
echo $a;                          //输出 12a45
```

2．字符串输出

echo()和 print()函数用于输出字符串。echo()和 print()并不是真正的函数，所以在使用时可以不需要括号。echo()可输出多个字符串，print()只输出一个字符串，其基本格式为

```
echo $var1,$var2,……;

print $var1 . $var2 . ……;
```

输出的多个变量之间用逗号分隔。输出的变量如果不是字符串类型，会自动转换为字符串输出。因为 print()只能输出一个字符串，所以可使用点号运算符将多个变量连接成一个字符串再输出。例如：

```
echo "asdf",123,"book";

print "asdf" . 123 . "book";
```

3．字符串格式化输出

printf()函数可以按照格式化字符串处理变量然后输出，其基本格式为

```
printf("格式字符串",$var1,$var2,……);
```

printf()函数第 1 个参数是格式字符串，其后是要输出的多个变量。格式字符串中用%表示转换格式，一个转换格式对应一个输出变量。

下面分别对格式字符中的格式符号进行介绍。

- %：表示转换格式符的开始。%%表示输出一个百分号。
- %b：将输出变量当作整数，输出二进制数。
- %c：将输出变量当作字符的 ASCII 码，输出对应的字符。
- %d：将输出变量当作有符号十进制数输出。
- %e：将输出变量当作浮点数，并按照科学记数法格式输出，用 e 表示指数部分。如%.2e 表示小数点后面保留两位有效数字，65 可格式化为 6.50e+2。
- %E：与%类似，只是用 E 表示指数部分。
- %f：输出浮点数。
- %F：输出浮点数。
- %g：%e 和%f 的短格式。
- %G：%E 和%f 的短格式。
- %o：将输出变量当作整数，输出八进制数。
- %s：将输出变量当作字符串输出。
- %u：输出无符号十进制数。
- %x：将输出变量当作整数，输出十六进制数，字母使用 a~z。
- %X：将输出变量当作整数，输出十六进制数，字母使用 A~X。

在格式化输出二进制、八进制、十进制和十六进制时，可指定输出的字符串长度，并用 0 占位。例如，%08b 表示输出至少占 8 位，如果位数不足，则用 0 占位，长度超出 8 位则原样输出。

sprintf()函数与 printf()函数类似，用于将变量转换为格式化的字符串，其基本格式为

```
$a = sprintf("格式字符串",$var);
```

例 3.12　格式化字符串函数的使用，代码如下。（源代码：\chapter3\test12.php）

```php
<?php
```

```php
printf("%08b",65);
echo '<br>';
printf("%08d",65);
echo '<br>';
printf("%08o",65);
echo '<br>';
printf("%08x",75);
echo '<br>';
printf("%08X",75);
echo '<br>';
printf("%c",65);
echo '<br>';
printf("%.2e",65);
echo '<br>';
printf("%.2E",65);
echo '<br>';
printf("%.2e",0.006564536);
echo '<br>';
printf("%.2E",0.006564536);
echo '<br>';
printf("%.2g",0.006564536);
echo '<br>';
printf("%.2G",0.006564536);
echo '<br>';
printf("%.3f",0.006564536);
echo '<br>';
echo sprintf("%08b",15);
```

例 3.12 代码在 IE 中的显示结果如图 3.14 所示。

图 3.14　例 3.12 代码在 IE 中的显示结果

4．字符串转换函数

前面学习了字符串格式化输入的方法，下面分别对字符串转换的函数进行介绍。

- chr($ascii)：将 ASCII 码转换为字符。
- ord($str)：返回字符串中第 1 个字符的 ASCII 码。
- ltrim($str)：删除字符串开头的空格及特殊转义字符（"\0""\t""\n"和"\r"）。
- rtrim($str)：删除字符串末尾的空格及特殊转义字符（"\0""\t""\n"和"\r"）。
- trim($str)：删除字符串开头和末尾的空格及特殊转义字符（"\0""\t""\n"和"\r"）。
- strtolower($str)：将字符串中的字母全部转换为小写字母。
- strtoupper($str)：将字符串中的字母全部转换为大写字母。
- ucfirst($str)：将字符串第 1 个字符转换为大写字母。
- ucwords($str)：将字符串中的每个单词的首字母转换为大写字母。
- strrev($str)：以相反的顺序返回字符串。
- str_pad($str,$len,$pad_str,$pad_type)：在$str 字符串开头或末尾用$pad_str 中的字符串进行填充，使$str 长度为$len。若$len 为负数、小于或等于$str 长度，则不填充。$pad_type 可以取值 STR_PAD_RIGHT（右侧填充），STR_PAD_LEFT（左侧填充）或 STR_PAD_BOTH（两侧都填充），默认值为 STR_PAD_RIGHT。
- number_format($number,$dec,$point,$sep)：以千分位分隔方式格式化数字为字符串。参数可以是 1、2 或 4 个。$number 为要转换的数字，$dec 指定要保留的小数位数，$point 指定小数点的替换显示字符，$sep 指定千分位分隔符。
- md5($str,TRUE/FALSE)：返回字符串$str 的 MD5 散列值。第 2 个参数可省略，默认为 FALSE，表示返回 32 字符十六进制数组形式的散列值；第 2 个参数为 TRUE 时，返回 16 个字节长度的原始二进制形式的散列值。

例 3.13 字符串转换函数的使用，代码如下。（源代码：\chapter3\test13.php）

```php
<?php
    echo 'chr(65)=',chr(65);
    echo '<br>ord("Abc")=',ord('Abc');
    echo '<br>ltrim("    Abc    ")=',ltrim("    Abc    ")."#";
    echo '<br>rtrim("    Abc    ")=',rtrim("    Abc    ")."#";
    echo '<br>trim("    Abc    ")=',trim("    Abc    ")."#";
    echo '<br>strtolower("Abc")=',strtolower("Abc");
    echo '<br>strtoupper("Abc")=',strtoupper("Abc");
    echo '<br>ucfirst("php book")=',ucfirst("php book");
    echo '<br>ucwords("php book")=',ucwords("php book");
    echo '<br>strrev("php book")=',strrev("php book");
    echo '<br>str_pad("php",15,"*_*")=',str_pad("php",15,"*_*");
    echo '<br>str_pad("php",15,"*_*",STR_PAD_LEFT)=';
    echo str_pad("php",15,"*_*",STR_PAD_LEFT);
    echo '<br>str_pad("php",15,"*_*",STR_PAD_BOTH)=';
    echo str_pad("php",15,"*_*",STR_PAD_BOTH);
    echo '<br>number_format(12345.6789)=',number_format(12345.6789);
```

```
echo '<br>number_format(12345.6789,2)=',number_format(12345.6789,2);
echo '<br>number_format(12345.6789,2,"@",";")=';
echo number_format(12345.6789,2,"@",";");
echo '<br>md5("php book")=',md5("php book");
echo '<br>md5("php book",true)=',md5("php book",true);
```

例 3.13 代码在 IE 中的显示结果如图 3.15 所示。

图 3.15　例 3.13 代码在 IE 中的显示结果

5．与 HTML 有关的字符串函数

下面分别对 PHP 中常用的与 HTML 有关的字符串处理函数进行介绍。

* nl2br($atr)：将字符串中的换行转义符 "\n" 转换为 HTML 标记
。
* htmlspecialchars($str)：将字符串中的 HTML 特殊符号转换为 HTML 实体，从而在浏览器中显示 HTML 标记。HTML 特殊符号分别如下。
  ➢ &：转换为 "&amp"。
  ➢ "：双引号转换为 "&quot。
  ➢ '：单引号转换为 "&#039"。
  ➢ <：转换为 "&lt"。
  ➢ >：转换为 "&gt"。
* strip_tags($str,"保留标记")：删除字符串中的 HTML 和 PHP 标记。

例 3.14　与 HTML 有关的字符串函数的使用，代码如下。（源代码：\chapter3\ test14. php）

```php
<?php
    $a="php book \n c++ book";
    echo $a;
    echo '<br>',nl2br($a);
    $b='<p>PHP 教程</p><?php echo "PHP echo 输出"; ?><a href="#">超级链接</a>';
    echo '<br>',$b;
```

```
echo '<br>';
echo htmlspecialchars($b);
echo '<br>',   strip_tags($b);
echo '<br>',   strip_tags($b,"<a>");
```

例 3.14 代码在 IE 中的显示结果如图 3.16 所示。

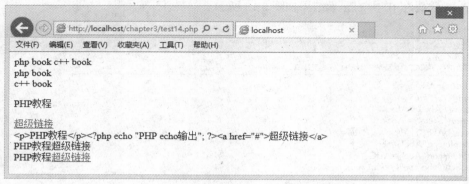

图 3.16　例 3.14 代码在 IE 中的显示结果

6．其他常用字符串函数

前面已对字符串函数进行了了解，下面分别对其他常用字符串函数进行介绍。

- strlen($str)：返回字符串长度。空字符长度为 0。
- substr($str,$start,$len)：从字符串$str 中的$start 位置开始取$len 个字符。$start 为正数表示从字符串的第$start+1 个字符开始取，$start 为负数表示从字符串的倒数第|$start|（绝对值）个字符开始取。$len 若省略，则取字符串末尾。$len 为正数时，从指定位置开始取$len 个字符。$len 为负数时，从指定位置开始取到字符串倒数第|$len|+1 个字符。
- explode($sep,$str,$n)：用$sep 中指定的字符将字符串$str 分解为字符串数组。返回的数组中最多包含$n 个元素。$n 可省略。
- strtok($str,$tok)：用$tok 中包含的标记将字符串分解为多个子字符串，并返回第 1 个子字符串。再次调用时，strtok($tok)可获得第 2 个子字符串，依次类推。要使用新的分隔符分解字符串，可再次调用 strtok($str,$tok)。若$tok 中包含多个字符，其中的每个字符均作为字符串分解符。
- str_replace($a,$b,$str)：将字符串$str 中包含的字符串$a 用字符串$b 替换。

例 3.15　其他常用字符串函数的使用，代码如下。（源代码：\chapter3\test15.php）

```php
<?php
    $a="php book \n c++ book";
    echo '$a="',$a,'"<br>$a 长度为：',strlen($a);
    echo '<br>substr($a,2,5)得到：',   substr($a,2,5);
    echo '<br>explode($a," b")得到：';
    print_r(explode(" ",$a));
    echo '<br>str_replace("book","story",$a)得到：';
    print_r(str_replace("book","story",$a));
    echo '<br>strtok($a,"\n")得到：',strtok($a,"\n");
```

```
echo '<br>strtok("\n")得到：',strtok("\n");
echo '<br>strtok($a," \n")得到：',strtok($a," \n");
echo '<br>strtok(" \n")得到：',strtok(" \n");
```

例 3.15 代码在 IE 中的显示结果如图 3.17 所示。

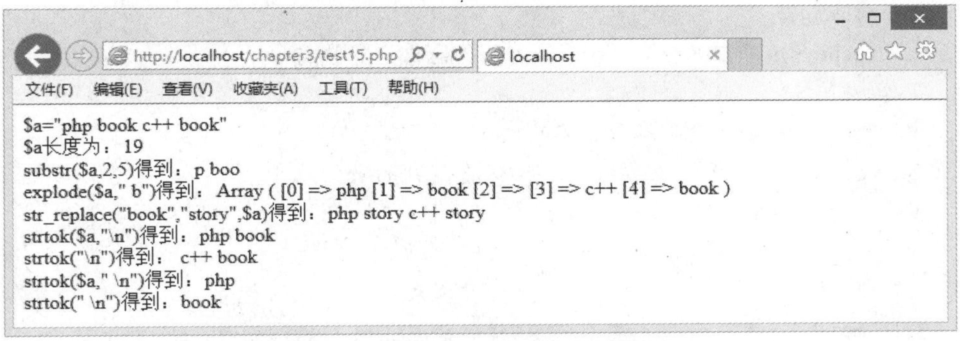

图 3.17　例 3.15 代码在 IE 中的显示结果

3.3　项目实现

为实现图 3.1 所示结果，可做如下分析。

（1）产生随机数可使用函数 rand(1,1000)。

（2）产生的随机数用一个 5 行 5 列的数组保存。可先创建一个一维数组，其每个元素保存一个只有一个元素的数组。然后通过赋值扩展第二维。

（3）在输出矩阵时，因为数字位数不统一。为了对齐，可将数转换为字符串，然后用 str_pad() 函数填充空格。连续空格在浏览器只显示一个，所以应将空格处理为 HTML 实体 " "。str_replace() 函数可将字符串中的空格替换为 " "。

（4）在找 "在行中最小，在列中最大" 的数时，可先找出在一行中最小的数，再进一步判断其是否为该列中最大。

实现代码：

```
<?php
    //创建一个5x1的二维数组
    for($i=1;$i<5;$i++)
        $a[]=array(0);
    //产生随机数存入数组
    for($i=0;$i<5;$i++)
        for($j=0;$j<5;$j++)
            $a[$i][$j]=rand(1,1000);
    //输出矩阵
    for($i=0;$i<5;$i++)
    {
        for($j=0;$j<5;$j++)
        {
            $b="" . $a[$i][$j];//转换为字符串
```

```
            $b=str_pad($b,7," ");                    //用空格填充字符串，使字符串最多5
                                                          个字符
            $b=   str_replace(" "," ",$b);    //将字符串中的空格转换为HTML实体
            echo $b;
        }
        echo '<br>';                      //每行输出完变换行
    }
    //找出在行中最小，在列中最大的数
    $have="";                             //保存找到的数组元素
    for($i=0;$i<5;$i++)
    {
        $r=$i;                            //保存满足条件的数的行号
        $c=0;                             //保存满足条件的数的列号
        $find=false;
        for($j=0;$j<5;$j++)               //找本行中的最小值
            if($a[$r][$c]>$a[$i][$j])
            {
                $r=$i;
                $c=$j;
            }
        for($j=0;$j<5;$j++)               //判断$a[$r][$c]是否为本列中的最大值
            if($j<>$r and $a[$r][$c]<$a[$j][$c])   break;
        if($j==5) $have= $have ."\$a[$r][$c]=" . $a[$r][$c] . '<br>';
    }
    if($have=="")
        echo '矩阵中没有在行中最小，在列中最大的数';
    else
        echo '矩阵中在行中最小，在列中最大的数如下：<br>',$have;
```

3.4   巩固练习

1．选择题

（1）关于赋值语句"$a[]=5"，下列说法正确的是（   ）。

    A．当前元素值被修改为5

    B．创建一个有5个元素的数组

    C．将数组最后一个元素的值修改为5

    D．在数组末尾添加一个数组元素，其值为5

（2）要得到字符串中字符的个数，可使用（   ）函数。

    A．strlen()   B．.count()

    C．len()   D．str_count()

（3）执行下面的代码后，输出结果为（　　　）。

```php
$x = array(array(1,2),array("ab","cd"));
echo count($x,1);
```

  A. 2   B. 4

  C. 6   D. 8

（4）执行下面的代码后，输出结果为（　　　）。

```php
$x = array(1,2,3,4);
echo array_pop($x);
```

  A. 1   B. 2

  C. 3   D. 4

（5）substr("abcdef",2,2)函数返回值为（　　　）。

  A. "ab"   B. "bc"

  C. "cd"   D. "de"

2．编程题

（1）将字符串 "This is a PHP programming book" 中的单词按从小到大的顺序排列。

（2）随机产生 200 个小写英文字母，统计每个字母出现的次数。

（3）随机产生 10 个 100 以内互不相同的正整数，按照从小到大的顺序输出。

PART 4

项目四
随机素数

函数是 PHP 的重要组成部分，大量的内部函数能帮助用户完成各种预定义操作。函数是被命名的一段独立代码，可以通过函数名进行调用，完成一系列预定义操作，向调用程序返回结果。在前面的各章中已经使用到各种 PHP 内部函数，本章将重点介绍如何定义和使用函数。

项目要点

- 函数的定义
- 函数调用
- 函数参数传递

具体要求

- 了解函数定义基本方法
- 理解变量作用范围
- 掌握函数的定义和调用
- 掌握函数参数传递的各种形式
- 掌握递归函数的定义和使用

4.1　项目目标

在网页中输出 10 个[10,500]范围内互不相同的随机素数，如图 4.1 所示。要求用函数完成判断素数。（源代码：\ chapter4\example.php ）

图 4.1　生成随机素数

4.2 相关知识

4.2.1 自定义函数

在需要频繁使用一段代码或重复执行某种操作时，可将其定义为函数。从而避免重复编写代码，提高代码使用率。

1．函数的定义

函数定义的基本格式为

```
function 函数名(参数 1,参数 2,……,参数 n=默认值){
    函数体;
    return 返回值;
}
```

其中，function 为 PHP 关键字，表示函数定义的开始。函数名应该是合法的 PHP 标识符，与变量名的区别是函数名前面不能使用$符号，函数名不区分大小写。PHP 函数定义中可以不指定参数，也可以有多个参数，可以为参数指定默认值，带默认值的参数必须放在其他参数的后面。

在函数体中，可在任意位置使用 return 从函数返回。return 将返回值传递给调用函数的程序。若 return 不带参数，则函数没有返回值。例如：

```
<?php
    function power($n,$p=2){
        $s=1;
        for($i=1;$i<=$p;$i++) $s*=$n;
        return $s;
    }
```

power($n,$p)函数返回$n 的$p 次方。若省略第二个参数$p，则取其默认值 2，即求平方。

2．函数的调用

函数通过函数名来调用并获得返回值。如果函数有带默认值的参数，则可省略该参数。省略的参数取其默认值。例如：

```
echo power(3);          //调用函数，省略了默认参数，将函数值输出
echo power(2,3);        //调用函数，同时指定了默认参数的值，将函数值输出
power(5);               //调用函数，未使用函数值
```

函数的调用和函数定义可以在同一个 PHP 文件中，也可分别放在不同的文件中。在同一个 PHP 文件中，函数的调用和函数定义出现的先后顺序没有关系。一般情况是将函数定义放在函数调用之前。

如果函数定义放在其他的 PHP 文件中，则应在调用函数之前，使用 include、include_once、requir 或 requir_once 包含该文件。文件包含详细介绍请参考 2.1.3 节。

例 4.1　使用自定义函数。（源代码：\chapter4\test1.php，\chapter4\test1_1.php）

在 test1_1.php 中定义了一个字符串运算函数 strpower()，代码如下。

```
<?php
    function strpower($n,$p=2){
            //返回字符串$n 连接$p 次构成的新字符串
```

```
        $s='';
        for($i=1;$i<=$p;$i++) $s.=$n;
        return $s;
    }
```

主文件 test1.php 中定义了算术运算函数 power()，并调用 power()和 strpower()函数，代码如下。

```php
<?php
    function power($n,$p=2){
        //返回$n 的$p 次方
        $s=1;
        for($i=1;$i<=$p;$i++) $s*=$n;
        return $s;
    }
    include_once 'test1_1.php';
    echo power(3),'<br>';
    echo power(2,3),'<br>';
    echo strpower(3),'<br>';
    echo strpower(2,3),'<br>';
    echo strpower("abc"),'<br>';
    echo strpower("abc",3),'<br>';
```

例 4.1 代码在 IE 浏览器中的显示结果如图 4.2 所示。

图 4.2　例 4.1 代码在 IE 中的显示结果

4.2.2　函数与变量作用范围

变量的作用范围受其声明方式和声明位置影响。PHP 中的变量根据其作用范围可分为局部变量和全局变量。根据变量的生命周期又可分为静态变量和动态变量。

1．局部变量和全局变量

通常，函数内部的变量为局部变量，其作用范围只能在函数内部。函数参数也是局部变量。函数之外的变量可称为全局变量，其作用范围为当前 PHP 文件。例如：

```php
<?php
    $var=100;            //声明一个全局变量$var
    function test(){
        echo $var;       //引用一个本地变量$var
    }
```

```
    test();
```

test()函数中用 echo 输出变量$var 的值。在调用 test()函数时，会输出 100 吗？答案是否定的。声明的代码在运行时会产生一个 Notice 错误，提示变量$var 没有定义。因为函数体外的全局变量，不能直接在函数内部使用，函数内部的同名局部变量会屏蔽外部的全局变量，所以在 test()函数内部引用变量$var 时，该变量还未定义，所以出错。

要使用函数外部的全局变量，可在函数中使用 global 关键字声明，例如：

```
<?php
    $var=100;              //声明一个全局变量$var
    function test(){
        global $var;       //声明$var 是一个全局变量
        echo $var;
    }
    test();
```

修改后的代码在运行时，调用 test()函数会输出全局变量$var 的值 100。

2．静态变量与变量生命周期

变量生命周期指该变量在内存中的存在时间。一般的局部变量和全局变量都是动态变量。动态变量的生命周期是指包含变量的代码运行的时间。函数内部的局部变量在函数调用时被创建，函数调用结束后变量则被释放。全局变量在 PHP 文件执行时存在，执行结束后被释放。

静态变量是特殊的局部变量，用 static 关键字进行声明。静态变量在第一次调用函数时被创建，函数调用结束时仍保留在内存中，下次调用函数时继续使用。

例 4.2　使用静态变量，代码如下。（源代码：\chapter4\test2.php）

```
<?php
    function test(){
        static $a=0;        //声明一个静态变量，赋初值为 0
        $a++;
        echo "第 $a 次调用 test()函数<br>";
    }
    test();
    test();
    test();
    test();
```

例 4.2 代码在 IE 浏览器中的显示结果如图 4.3 所示。

图 4.3　例 4.2 代码在 IE 浏览器中的显示结果

4.2.3　函数参数传递

函数参数传递涉及参数的传值和传地址、参数个数变量、变量函数、回调函数、数组作参数等主要内容，下面分别进行介绍。

1．参数的传值与传地址

在定义函数时指明的参数可称为形式参数（简称形参），在调用函数时给定的参数称为实际参数（简称实参）。在调用函数时，实参和形参之间发生参数传递。

在定义函数参数时，参数变量名之前使用"&"符号可声明参数进行引用传递，即将实参的地址传递给形参。未使用"&"符号，则声明的参数将获得实参的值。对引用传递，调用函数时，只能用变量作为实参。

如果实参和形参之间是传地址，即访问同一内存单元，则可在函数调用结束后，通过实参获得函数中形参变量的值。

例 4.3　使用传地址函数，代码如下。（源代码：\chapter4\test3.php）

```php
<?php
    function test($a,&$b){
        $b=$a*$a;
        return;
    }
    $n=2;
    $p=3;
    echo '调用函数前：<br>$n=',$n;
    echo '<br>$p=',$p;
    test($n,$p);
    echo '<br>调用函数后：<br>$n=',$n;
    echo '<br>$p=',$p;
```

例 4.3 代码在 IE 浏览器中的显示结果如图 4.4 所示。

图 4.4　例 4.3 代码在 IE 中的显示结果

2．参数个数变量

在使用默认参数时，调用函数时默认参数可以省略。但默认参数只能在调用函数时省略，函数中参数的个数是固定不变的。

PHP 允许向函数传递个数不固定的参数，此时函数不声明参数，即可在函数中使用 PHP 内部函数 func_get_args()获得传入的多个参数。func_get_args()函数返回一个包含传入参数的数组。

例 4.4　使用不固定个数参数的函数，代码如下。（源代码：\chapter4\test4.php）

```php
<?php
```

```
function test(){
    $a=   func_get_args();
    $b=count($a);
    echo "函数 test（）接收到 $b 个参数：<br>";
    for($i=0;$i<$b;$i++){
        var_dump ($a[$i]);
        echo '<br>';
    }
    return;
}
test(1,2.5,"ab","cd");
```

例 4.4 代码在 IE 浏览器中的显示结果如图 4.5 所示。

图 4.5　例 4.4 代码在 IE 中的显示结果

3．变量函数

变量函数指在变量中保存函数的名字并通过变量来调用函数，这样，在变量的值变化时，可调用不同的函数。

例 4.5　使用变量函数，代码如下。（源代码：\chapter4\test5.php）

```
<?php
    function test1($a){
        return $a+10;
    }
    function test2($a){
        return $a+20;
    }
    function test3($a){
        return $a+30;
    }
    $var="test1";
    echo "调用$var()：",$var(5);
    echo '<br>';
    $var="test2";
    echo "调用$var()：",$var(5);
    echo '<br>';
    $var="test3";
```

```
echo "调用$var()： ",$var(5);
echo '<br>';
```

例 4.5 代码在 IE 浏览器中的显示结果如图 4.6 所示。

图 4.6　例 4.5 代码在 IE 中的显示结果

4．回调函数

PHP 允许将函数作为参数传递给另一个函数，作为参数的函数称为回调函数。PHP 提供了两个内置函数用于调用回调函数，下面分别进行介绍。

- call_user_func（函数名，回调函数参数 1，回调函数参数 2，……）：第 1 个参数为回调函数名称，可以用字符串或变量指定函数名称。而第 2 个参数指依次传递给回调函数的参数。多出的参数会被忽略。

- call_user_func_array（"函数名"，参数数组）：它与 call_user_func 函数的区别在于，回调函数的参数必须放在一个数组中，作为第二个参数。数组中多出的参数会被忽略。

例 4.6　使用回调函数，代码如下。（源代码：\chapter4\test6.php）

```php
<?php
    function test1($a, $b){
        return $a+$b(10);
    }
    function test2($a){
        return $a*10;
    }
    function test3($a,$b){
        return $a+$b;
    }
    echo 'test1(5, "test2")=';
    echo test1(5, "test2");                      //直接调用自定义函数
    echo '<br>echo call_user_func("test1",5,"test2")=';
    echo call_user_func("test1",5,"test2");      //用内置函数调用自定义函数
    echo '<br>test3(10,20)=';
    echo test3(10,20);
    echo '<br>call_user_func("test3",10,20)=';
    echo call_user_func("test3",10,20);          //用内置函数调用自定义函数
    echo '<br>call_user_func_array("test3",$c)=';
    echo call_user_func_array("test3",array(10,20));  //用内置函数调用自定义函数
```

例 4.6 代码在 IE 浏览器中的显示结果如图 4.7 所示。

图 4.7　例 4.6 代码在 IE 中的显示结果

5. 数组作参数

PHP 运行时将数组作为函数参数。数组作为参数时，也分传值和传地址两种方式。在函数参数名前用 "&" 符号可以传递数组变量地址。

例 4.7　使用数组作函数参数，代码如下。（源代码：\chapter4\test7.php）

```php
<?php
    function sum($a){
        if(is_array($a)){
            //求数组元素之和
            $s=0;
            for($i=0;$i<count($a);$i++) $s+=$a[$i];
            return $s;
        }else{
            return $a;
        }
    }
    function test(&$a){
        if(is_array($a)){
            //将数组元素值扩大 10 倍
            for($i=0;$i<count($a);$i++) $a[$i]=$a[$i]*10;
        }else{
            return $a;
        }
    }
    $a=range(1, 5);
    echo '数组$a=';
    print_r($a);
    echo '<br>数组$a 元素和为：',sum($a);
    test($a);
    echo '<br>执行 test($a)后，数组$a 为：';
    print_r($a);
```

例 4.7 代码在 IE 浏览器中的显示结果如图 4.8 所示。

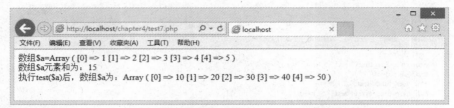

图 4.8　例 4.7 代码在 IE 中的显示结果

4.2.4　递归函数

递归函数指在函数内部调用函数本身，例如：

```php
<?php
    function func($n){
        if($n==1)
            return 1;
        else
            return $n* func($n-1);
    }
    echo func(5);                //调用递归函数，计算 5!
```

代码中的 func()函数通过递归调用实现求$n 的阶乘。

4.3　项目实现

为实现图 4.1 所示结果，可做如下分析。

（1）生成随机数。可使用 rand（10,500）获得一个[10,500]范围内的随机整数。

（2）检查生成的随机数是否为素数。定义一个判断素数的函数，函数返回值 TRUE 表示是素数，FALSE 表示不是素数。

（3）检查生成的素数是否已出现。用函数 in_array()可检测数组中是否包含某个值，将已产生的素数放在数组中。

实例代码：

```php
<?php
/*
 * 在网页中输出 10 个[10,500]范围内互不相同的随机素数
 * 程序要点：
 *1. 生成随机数 rand（10,500）
 *2. 检查生成的随机数是否为素数
 *3. 检查生成的素数是否已出现过
 */
    function isprime($x){
        for($i=2;$i<$x;$i++)
            if($x%$i==0) break;
        if($i<$x)
```

```
                return false;
        else
                return true;
    }
    $k=0;//$k 保存已产生的素数个数
    do{
        $n=rand(10,500);
        if(isprime($n))
                if($k==0){
                        $p[]=$n; //第 1 个素数直接放入数组
                        $k++;
                }else{//不是第 1 个素数，检查是否重复
                        if(!in_array($n,$p)){
                                $p[]=$n;//不重复，加入数组
                                $k++;
                        }
                }
    }while($k<10);

    //输出产生的随机素数，每行 5 个
    for($i=0;$i<count($p);$i++){
        //每个数组元素转换为字符串，用空格填充位 6 个字符，便于输出对齐
        $a=''.$p[$i];
        $a=  str_pad($a,6,' ');
        $a=  str_replace(' ', ' ', $a);
        echo $a;
        if($i==4) echo '<br>'; //输出 5 个换行
    }
```

4.4 巩固练习

1.选择题

（1）下列说法不正确的是（　　）。

　A. function 是定义函数的关键字

　B. 函数的定义必须出现在函数调用之前

　C. 函数可以没有返回值

　D. 函数定义和调用可以出现在不同的 PHP 文件中

（2）下列 4 个选项中，可作为 PHP 函数名的是（　　）。

　A. $_abc　　　　　　　　　　　B. $123

　C. _abc　　　　　　　　　　　　D. 123

（3）函数 test 定义如下，错误调用函数的语句是（　　　）。

```php
function test ($a, $b=-1){
        return $a+$b;
    }
```

A. $a=test(1,2);　　　　　　　　B. $b=test(10);

C. echo test(1,2);　　　　　　　D. teset 1,3l;

（4）在下面的代码中，第 2 个 test()输出结果为（　　　）。

```php
<?php
function test(){
    static $n=5;
    $n++;
    echo $n;
}
$n=10;
test();
test();
```

A. 6　　　　　　　　　　　　　B. 7

C. 11　　　　　　　　　　　　D. 12

（5）下列说法正确的是（　　　）。

A. PHP 函数的参数个数是固定不变的

B. 可以将自定义函数名作为参数传递给另一个函数

C. call_user_func_array()函数只能将数组作为参数传递给回调函数

D. call_user_func()调用回调函数时不能用数组作为参数

2．编程题

（1）定义一个函数计算一个数的立方，并计算 $1^3+2^3+3^3+\cdots+10^3$ 和。

（2）定义一个函数，返回 3 个参数中的最大值。

（3）斐波那契数列的定义为 $f(0)=0$，$f(1)=1$，$f(n)=f(n-1)+f(n-2)(n\geq2)$。定义一个函数计算斐波那契数列的第 n 项，并输出斐波那契数列的前 10 项。

PART 5

项目五
购物车

　　面向对象程序设计（Object-Oriented programming，OOP）是现代高级程序设计语言的特点之一，如 C++和 Java 等均是面向对象的程序设计语言。PHP 也支持面向对象的程序设计方法。本章将介绍如何在 PHP 中使用面向对象程序设计方法。

项目要点

- 认识面向对象编程
- 类的定义和使用
- 类的继承
- 常用的类操作

具体要求

- 掌握简单类的定义
- 掌握如何创建对象和使用对象
- 掌握类的继承、重载
- 掌握抽象类和接口的定义和使用
- 掌握常用类的操作

5.1　项目目标

　　购物车可以存储商品名称、价格和数量等信息，并且具有商品查看、添加和删除功能。本项目将实现购物车功能的编辑，实例输出结果如图 5.1 所示。

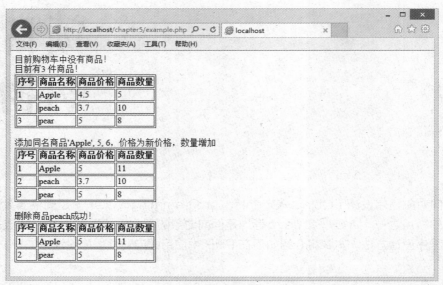

图 5.1　综合实例输出结果

5.2　相关知识

5.2.1　认识面向对象编程

面向对象程序设计是 20 世纪 80 年代发展起来的一种程序设计方法，它通过对象模拟现实世界，利用抽象的方法来设计计算机软件。

面向对象程序设计的 3 个主要特征为封装、继承和多态。下面分别进行介绍。

- 封装：指将数据和处理数据的方法包含在一类。类实例化为对象。每一个对象都是该类的一个独立实体。对用户而言，类的内部是隐藏的，只能通过公开的数据或者方法来操作对象。
- 继承：指一个类传承了另一个类的全部特征，并具有自己的特征。通过继承得到的新的类可称为派生类或者子类，被继承者称为基类或者父类。
- 多态：指对象的同一个动作在不同情况下可能产生不同的结果，PHP 可通过方法重载来实现多态。

5.2.2　定义和使用类

在 PHP 中，对象的数据和方法对应类中的数据成员（也称属性成员）和方法成员。数据成员为变量，方法成员为函数。类的基本结构为

```
class 类名{
    …        //属性列表
    …        //方法列表
}
```

属性列表为多个属性的声明，方法列表为多个方法的声明。通常，属性声明放在方法声明之前。从语法角度来看，属性声明和方法声明的先后顺序没有关系。类可以没有任何成员，也可只有属性成员或方法成员。

1. 简单类的定义和使用

在使用类时应明确如何定义类、属性声明、方法声明、创建对象、使用属性和使用方法等操作，再根据该操作对类进一步熟悉。

例 5.1　定义和使用简单类，代码如下。（源代码：\chapter5\test1.php）

```php
<?php
class person{
    private $name;                       //声明私有属性
    function __construct($name) {         //定义构造函数
        $this->name=$name;
    }
    public function getName(){            //定义公共方法获取属性值
        return $this->name;
    }
}
$a=new person("Mike");                    //创建对象，存入数组
echo $a->getName();                       //输出对象属性值
```

使用代码定义了 person 类，可发现它有一个私有属性$name、一个构造函数__construct()和一个公共方法 getName()。public 和 private 等关键字将在后面的内容中介绍。

该例主要涉及的关键知识点包括：构造函数、new 关键字、$this 关键字、对象变量以及对象方法和属性的访问。

（1）构造函数与 new 关键字

PHP 中类的构造函数名称统一为__construct()，不同类的构造函数的区别只在于函数参数和函数体现不同。

在使用 new 关键字创建类对象时，构造函数自动被调用，完成对象的初始化操作。在语句"$a=new person("Mike");"中，参数"Mike"作为构造函数参数$name 的值被赋值给对象属性$name。通常，构造函数的参数名称与对应的属性名称相同，这主要是为了便于阅读程序，也可使用其他合法的变量名称。

（2）$this 关键字

$this 关键字代表当前对象，注意不是代表类。在类的内部，并不能直接使用属性名来访问属性。而应该用"$this->属性名"格式来访问属性，注意属性名前面没有$符号。

（3）对象变量

对象变量指保存类的实例对象的变量，通过对象变量访问对象的属性和方法。new 关键字创建的对象通常保存在对象中，便于使用。将一个对象赋值给变量实质是建立变量与对象的引用关系。再将对象变量赋值给另一个变量，则多了一个到对象的引用。

（4）访问对象的方法和属性

对象的方法和属性用对象名加"->"进行访问，如$this->name 和$a->getName()。

2. 析构函数

析构函数与构造函数的作用相反。当对象的所有引用被删除、对象被显式销毁、执行 exit()结束脚本或者脚本执行结束时，析构函数会被调用。通常在析构函数中释放对象使用的资源或填写对象注销日志。

将对象变量赋值为 NULL，或用 unset() 函数删除变量，均可删除变量到对象的引用。

例 5.2 使用析构函数，代码如下。（源代码：\chapter5\test2.php）

```php
<?php
class test{

    function __construct() {
        echo "构造函数__construct()被执行！<br>";
    }
    function __destruct() {
        echo "析构函数__destruct()被执行！<br>";
    }
    function say(){
        echo 'test 对象 say()方法输出！<br>';
    }
}
$a=new test();        //创建对象并建立变量到对象的引用,会调用构造函数
$a=NULL;             //删除对象引用，会调用析构函数
(new test())->say(); //创建对象，调用构造函数，调用对象方法，因为无对象引用，再调用
析构函数
$b=new test();        //创建对象并建立变量到对象的引用,会调用构造函数
$c=$b;               //赋值，建立另一个变量到同一个对象的引用
$b=NULL;             //$b 到对象的引用被删除，$c 到对象的引用还在，不会调用构造函数
echo '$b 设置为 NULL<br>脚本结束！<br>';
//脚本到此结束，脚本中的变量和对象都被释放，对象的析构函数会被调用
```

例 5.2 代码在 IE 浏览器中的显示结果如图 5.2 所示。

图 5.2 例 5.2 代码在 IE 中的显示结果

提示：

根据内存回收机制，PHP 并不能保证析构函数的准确执行时间，所以应谨慎使用析构函数。

提示：

如果没有为类定义构造函数和析构函数，PHP 会自动生成一个默认的构造函数和析构函

数。PHP "垃圾回收"机制可以自动回收没有使用的对象占用的内存。

3．public、protected 和 private

public（公有）、protected（受保护）和 private（私有）关键字用于设置类成员的可访问性（也称可见性）。例如：

```
class test{
    public $var1;              //声明公有属性
    protected $var2;           //声明保护属性
    private   $var2;           //声明私有属性
    public function func1(){    //声明公有方法
        //……
    }
    protected function func2(){ //声明保护方法
        //……
    }
    private function func3(){   //声明私有方法
        //……
    }
}
```

类的属性必须使用 public、protected 或 private 进行声明，在 PHP 3 和 PHP 4 中使用 var 声明属性。PHP 5 仍保留了 var，var 声明的属性都是公有属性。类的方法在未声明可访问性时，默认为公有。下面对该类函数分别进行介绍。

- public：公有成员，在类的内部和外部均可访问。外部访问格式为 "$变量名->成员名"，内部访问格式为 "$this->成员名"。公有成员可被继承，访问规则也适用。
- protected：保护成员，只能在类的内部通过 "$this->成员名" 访问。保护成员可被继承。
- private：私有成员，与保护成员类似，但私有成员可以被继承，但对子类而言，父类的私有成员是不可见的，只能通过父类的方法进行访问。

4．静态成员

在类中可使用 static 关键字声明静态属性和静态方法，例如：

```
class test{
    static $var=100;           //声明静态属性
    static function func(){     //声明静态方法
        echo "静态方法";
    }
}
```

静态成员相当于存储在类中的全局变量和全局函数，可在任何位置访问。静态成员和常规成员不同，静态成员属于类，而不属于类的实例对象。

在类外部，静态成员使用 "类名::静态成员名" 格式来访问，例如：

```
echo test::$var;
test::func();
```

静态属性不能通过对象访问，静态方法可以通过对象访问，例如：

```
$a=new test();
echo $a->$var;              //错误，不能通过对象访问静态属性
$a->func();                 //正确，可以通过对象访问静态方法
```

在类的内部，使用"self::静态成员名"格式访问静态成员。注意，在静态方法内部，不能使用$this变量。

5．类的常量

在类中可使用const关键字声明常量。类的常量与类的静态成员类似，常量属于类，而不属于类的实例变量。类的常量名区别大小写。

在类外部用"类名::常量名"格式来访问，在内部用"self::常量名"格式访问，例如：

```php
<?php
class test{
    const constkey='php test';
    function getConstKey(){
        return self::constkey;        //在类的内部访问类的常量
    }
}
$a=new test();
echo $a->getConstKey();
echo test::constkey;                  //在类的外部访问类的常量
```

5.2.3　类的继承

继承是面向对象的一个重要特点。PHP使用extends关键字实现继承，子类继承了父类的所有成员（私有成员不可见，但可通过方法访问）。其中，父类也可称为基类，子类也可称为扩展类或者派生类。

例5.3　使用类的继承，代码如下。（源代码：\chapter5\test3.php）

```php
<?php
class test{
    const constkey='php test';
    private $var1;
    public  $var2;
    protected $var3;
    function __construct($var1,$var2,$var3) {
        $this->var1=$var1;
        $this->var2=$var2;
        $this->var3=$var3;
    }
    function setVar1($var1){ $this->var1=$var1; }
    function getVar1(){return $this->var1; }
    function setVar2($var2){ $this->var2=$var2; }
    function getVar2(){return $this->var2; }
    function setVar3($var3){$this->var3=$var3;}
```

```
        function getVar3(){ return $this->var3;}
}
class subtest extends test { //通过继承创建子类
 }
$a=new subtest("one",'two','three');            //创建对象
echo $a->getVar1();                             //获取私有属性的值
$a->setVar1(100);                               //修改私有属性的值
echo $a->getVar1();
echo '<br>';
echo $a->var2;                                  //公共属性可以直接访问
$a->var2=200;                                   //修改公有属性的值
echo $a->var2,'<br>';
echo $a->getVar3();                             //获取保护属性的值
$a->setVar3(300);                               //修改保护属性的值
echo $a->getVar3();
echo '<br>',subtest::constkey;                  //访问类常量
```

从代码中可以看出，子类 subtest 虽然没有定义任何成员，但它继承了父类 test 的非私有成员。在创建子类的对象时，自动调用了继承自父类的构造函数。

例 5.3 代码在 IE 浏览器中的显示结果如图 5.3 所示。

图 5.3 例 5.3 代码在 IE 中的显示结果

1. 重载

在子类中声明与父类同名的属性和方法称为重载。重载过后，在子类中可用 "parent::父类成员名" 格式来访问父类成员。

例 5.4 使用类的重载，代码如下。（源代码：\chapter5\test4.php）

```php
<?php
class test{
    const constkey='php test';
    private $var1;
    public   $var2;
    protected $var3;
    function __construct($var1,$var2,$var3) {
        $this->var1=$var1;
        $this->var2=$var2;
        $this->var3=$var3;
```

```
    }
    function setVar1($var1){$this->var1=$var1;}
    function getVar1(){ return $this->var1;}
    function setVar3($var3){ $this->var3=$var3; }
    function getVar3(){ return $this->var3; }
}
class subtest extends test {
    public $subvar; //声明子类的属性
    function __construct($var1,$var2,$var3,$subvar) {        //重载构造函数
        parent::__construct($var1, $var2, $var3);           //调用父类构造函数
        $this->subvar=$subvar;
    }
    function setVar3($var3){                                  //重载方法
        $this->var3=$this->getVar3().$var3; //用对象原来的值和参数连接成新的字符串
    }
}
$a=new subtest("one",'two','three','four');          //创建对象
echo $a->getVar1();
echo '<br>';
echo $a->var2;
echo '<br>';
echo $a->getVar3();
echo '<br>';
echo $a->subvar;
echo '<br>',subtest::constkey;
$a->setVar3(100);
echo '<br>';
echo $a->getVar3();
```

例 5.4 代码在 IE 浏览器中的显示结果如图 5.4 所示。

图 5.4 例 5.4 代码在 IE 中的显示结果

提示：

如果不希望某个类被继承，可使用 final 关键字进行声明，例如，final class test{……}。

同样，final 声明方法不允许被重载。例如：final public function setVar3($var3){······}

2．抽象类

有时需要在类中声明一些未实现的方法，让这些方法在子类中实现，这就需要使用到抽象方法和抽象类。PHP 中使用 abstract 关键字声明抽象方法，抽象方法只有函数原型，不能有函数体。可在一个类中声明多个抽象方法，只要有一个方法是抽象方法，类就必须使用 abstract 关键字声明为抽象类。抽象类可以只包含抽象方法的类，也可以包含其他的属性和常规方法。

声明抽象类的基本格式为

```
abstract class 类名{
    ……                       //属性声明
    abstract function 抽象方法名();   //声明抽象方法，不能使用大括号
    ……                       //方法声明
}
```

不能创建抽象类的实例对象，否则会产生致命错误。

例 5.5　使用抽象类，代码如下。（源代码：\chapter5\test5.php）

```php
<?php
abstract class test{                          //声明抽象类
    public $var1;
    function printinf(){ echo 'echo in class test function<br>';}
    abstract function  printwhat();            //声明抽象方法，不能使用大括号
    public function __construct($var1) {
        $this->var1=$var1;
    }
}
class subtest extends test{                    //继承抽象类，并重载实现抽象方法
    function printwhat() { echo 'echo in subclass subtest function<br>';}
}
$a=new subtest('do something');
$a->printinf();
$a->printwhat();
echo $a->var1;
$b=new test(123);                              //试图创建抽象类的对象，这会导致致命错误
```

例 5.5 代码在 IE 浏览器中的显示结果如图 5.5 所示。

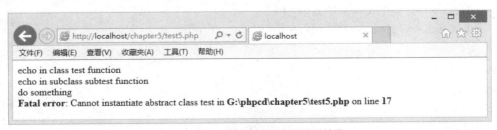

图 5.5　例 5.5 代码在 IE 中的显示结果

3. 接口

PHP 不允许多重继承，即一个子类只能有一个父类。接口提供了另一种选择，允许一个类实现（implements）多个接口。接口的声明方法与类相似，但接口只包含常量和函数原型，接口中的函数原型都必须用 abstract 声明为抽象方法。

接口声明的基本格式为

```
interface 接口名{
    ……                    //常量声明
    ……                    //方法声明
}
实现接口的类的基本格式为
class 类名 implements 接口 1,接口 2,……{
    ……

}
```

提示：

接口中的方法总是公有的抽象方法，可以用 abstract public 声明接口方法，但不能使用 private 或 protected。

提示：

如果一个类实现了多个接口，则这些接口中不能有同名的属性或方法。

例 5.6　使用接口，代码如下。（源代码：\chapter5\test6.php）

```php
<?php
interface    a{
    const typea='phone';
    function saya();
}
interface    b{
    const typeb='computer';
    function sayb();
}
class test implements a,b{
    function saya(){ echo self::typea;}
    function sayb(){ echo self::typeb;}
}
$a=new test();
$a->saya();
echo '<br>';
$a->sayb();
```

例 5.6 代码在 IE 浏览器中的显示结果如图 5.6 所示。

图 5.6　例 5.6 代码在 IE 中的显示结果

5.2.4　常用类的操作

PHP 提供了一些内置的方法和函数，为类实现额外的功能。下面对常用类的操作进行介绍。

1．__toString()方法

有时需要将对象转换为字符串，如使用 echo 或 print 输出，或者执行字符串运算等。在类中实现__toString()方法便可满足这些需求。

例 5.7　为类添加__toString()方法，代码如下。（源代码：\chapter5\test7.php）

```php
<?php
class test{
    private $nanme;
    private $sex;
    private $age;
    public function __construct($name,$sex,$age) {
        $this->age=$age;
        $this->nanme=$name;
        $this->sex=$sex;
    }
    function __toString() {
        return $this->nanme .';'.$this->sex.';' .$this->age;
    }
}
$a=new test("Mike","男",35);
echo $a;
```

例 5.7 代码在 IE 浏览器中的显示结果如图 5.7 所示。

图 5.7　例 5.7 代码在 IE 中的显示结果

提示：

若类中没有实现__toString()方法，试图将对象转换为字符串将产生致命错误。

2．__autoload()函数

通常，自定义的函数、类是放置在独立的文件中，使用时执行文件即可。如果忘记了包含类，创建类的对象则会出错。也可在脚本中实现__autoload()方法，加载需要的类。当使用未加载的类时，类名作为参数自动调用__autoload()方法，从而保证脚本继续执行。

例5.8 为类添加__autoload()方法，代码如下。（源代码：\chapter5\test8.php，test8_1.php，test8_inc.php）

test8_1.php 中定义了一个用于测试的简单类 test8_1，代码如下。

```php
<?php
class test8_1{
    function say(){echo 'this is echo information in class test8_1!';}
}
```

test8_inc.php 中实现了__autoload()方法，加载需要的类，代码如下。

```php
<?php
    function __autoload($class_name){
        include_once "$class_name.php";
    }
```

test8.php 为主文件，使用 test8_1 类创建对象，代码如下。

```php
<?php
include "test8_inc.php";
$a=new test8_1();
$a->say();
```

例 5.8 代码在 IE 浏览器中的显示结果如图 5.8 所示。

图 5.8　例 5.8 代码在 IE 中的显示结果

3．__set()、__get()和__call()方法

在试图为类的不可访问属性赋值时会自动调用__set()方法，试图读取不可访问属性值时会自动调用__get()方法，在访问不可访问的方法时，会自动调用__call()方法。这里的"不可访问"指属性或方法属于非公有或者不存在。

基于类的封装原则，非公有属性和方法都对外不可见。在类外部访问时会导致脚本出错，所以在类中使用私有属性定义对应的公有方法来设置和读取属性值。为大量的私有属性定义配套公有方法，增加了代码工作量，这时，就可使用__set()和__get()统一定义属性访问规则。

例5.9 为类添加__set()、__get()和__call()方法，代码如下。（源代码：\chapter5\ test9.php）

```php
<?php
class test{
```

```php
        private $a;
        private $b;
        private function say($var){
            echo $this->a,'<br>';
            echo $this->b,'<br>';
            print_r($var);
            echo "<br>前面三个数据为私有方法 say()中的输出。";
        }
        public function __set($name, $value) {
            if($name=='a')
                $this->a=$value;
            else if($name=='b')
                $this->b=$value;
            else
                echo "不能为$name 赋值";
        }
        public function __get($name) {
            if($name=='a')
                return $this->a;
            else if($name=='b')
                return $this->b;
            else
                echo "<br>不能读取$name 值<br>";
        }
        public function __call($name, $arguments) {
            if($name=='say')
                $this->say($arguments);
            else
                echo "<br>不能调用$name()方法<br>";;
        }
    }
$x=new test();
$x->a=100;                    //为不可见的私有属性赋值
$x->b="php book";            //为不可见的私有属性赋值
$x->c="abc";                //为不存在的属性赋值
echo '<br>';
$x->say('c++');              //调用不可见的私有方法
$x->sayblabla();            //调用不存在的方法
```

例 5.9 代码在 IE 浏览器中的显示结果如图 5.9 所示。

图 5.9 例 5.9 代码在 IE 中的显示结果

4.__clone()方法

在使用 clone()函数复制（克隆）对象时，类的__clone()方法被调用。对象复制通常需要一个对象的副本，副本对象一经复制，就应与原对象没有关系。所以要使用对象复制功能，需通过__clone()方法来实现。下面讲解在__clone()方法中复制对象数据，创建一个新的对象。

例 5.10　使用对象复制，代码如下。（源代码：\chapter5\test10.php）

```php
<?php
class test{
    private $a;
    private $b;
    public function __construct($a,$b) {
        $this->a=$a;
        $this->b=$b;
    }
    public function __set($name, $value) {
        if($name=='a')
            {$this->a=$value;return true;}
        else if($name=='b')
            {$this->b=$value; return true;}
        else
            return false;
    }
    public function __get($name) {
        if($name=='a') return $this->a;
        if($name=='b') return $this->b;
        return NULL;
    }
    public function __toString() {
        return $this->a .';'.$this->b;
    }
    public function __clone() {
        //调用 clone()方法时，用对象数据创建一个新的对象返回
        return new test($this->a, $this->b);
    }
}
```

```
}
$x=new test(1,2);
echo '（1）$x 对象数据：',$x;
$y=$x;                          //对象变量赋值，引用的是同一对象
$y->a='one';                    //因为$y 和$x 指定同一变量，后面通过$x 获得的对象数
                                  据已变
echo '<br>（2）$x 对象数据：',$x;
$z=clone($x);                   //克隆对象
$z->a=100;                      //修改属性 a 的值，属性 b 的值不变，但不会影响$x 引用
                                  的变量
echo '<br>（3）$x 对象数据：',$x;
echo '<br>（4）$z 对象数据：',$z;
```

例 5.10 代码在 IE 浏览器中的显示结果如图 5.10 所示。

图 5.10　例 5.10 代码在 IE 中的显示结果

5.3　项目实现

为实现图 5.1 所示结果，可以做如下分析。

（1）定义商品信息 goods，为类声明 3 个私有属性 name、price、quantity 分别保存商品名称、价格和数量。使用__set()和__get()设置和读取 3 个私有属性。

（2）定义购物车类 shoppingcar，为类声明一个私有属性 car 用于保存商品对象数组。定义三个方法 additem()、removeItem()和 getItems()，分别实现添加商品、删除商品和读取购物车清单等功能。

（3）创建购物车对象，测试购物车添加商品、删除商品和读取购物车清单等功能。

实例代码：

```php
<?php
class goods{
    private $name;          //商品名称
    private $price;         //商品价格
    private $quantity;      //商品数量
    public function __construct($name,$price,$quantity) {
        $this->name=$name;
        $this->price=$price;
        $this->quantity=$quantity;
```

```php
    }
    public function __set($name, $value) {//设置商品属性值
        if($name=='name')
            $this->name= $value;
        else if($name=='price')
            $this->price= $value;
        else if($name=='quantity')
            $this->quantity=$value;
    }
    public function __get($name) {//获取商品属性值
        if($name=='name')
            return $this->name;
        else if($name=='price')
            return $this->price;
        else if($name=='quantity')
            return $this->quantity;
        else
            return NULL;
    }
}
class shoppingcar{
    private $allgoods;      /商品对象数组
    public function __construct() {
        $this->allgoods=array();          //创建购物车对象时创建保存商品的数组
    }
    public function addItem($name,$price,$quantity){
        //添加商品，若存在同名商品，则修改价格，增加商品数量
        //不存在同名商品，则添加商品对象
        $n=count($this->allgoods);      //获取商品对象数组元素个数
        for($i=0;$i<$n;$i++){            //遍历购物车，查找同名商品
            $a=$this->allgoods[$i];
            if($a->name==$name){
                //找到同名商品，修改价格和数量
                $a->price=$price;
                $a->quantity += $quantity;
                break;
            }
        }
        if($i==$n){
            //不存在同名商品，执行添加操作
```

```php
                    $this->allgoods[]=new goods($name, $price, $quantity);
                }
                return count($this->allgoods);              //返回购物车商品数量
            }
        public function removeItem($name){
                //删除指定名称的商品
                $n=count($this->allgoods);              //获取商品对象数组元素个数
                for($i=0;$i<$n;$i++){                    //遍历购物车，查找同名商品
                    $a=$this->allgoods[$i];
                    if($a->name==$name){
                        //找到同名商品，将其从购物车删除
                        unset($this->allgoods[$i]);
                        //删除一个数组元素后，剩余元素下标保持不变，所以应创建下标
                        $this->allgoods=array_values($this->allgoods);
                        return true;
                    }
                }
                if($i==$n) return false;              //不存在同名商品，返回 FALSE
            }
        public function getItems(){
                $n=count($this->allgoods);              //获取商品对象数组元素个数
                if($n==0) return '目前购物车中没有商品！ ';
                //有商品时，用 HTML 表格返回购物车商品信息
                //初始化返回信息字符串
                $s='<table border="1"><thead><tr><th>序号</th><th>商品名称</th>'.
                        '<th>商品价格</th><th>商品数量</th></tr></thead><tbody>';
                for($i=0;$i<$n;$i++){                    //遍历购物车，获取商品信息
                    $a=$this->allgoods[$i];
                    $s=$s .'<tr><td>';
                    $s.= $i+1 .'</td><td>'.$a->name .'</td><td>'.$a->price
                            .'</td><td>'.$a->quantity .'</td></tr>';
                }
                $s.='</tbody></table>';
                return $s;
            }
    }
$car=new shoppingcar();
echo $car->getItems(),'<br>';          //显示初始购物车信息
$car->addItem('Apple', 4.5, 5);        //添加商品
$car->addItem('peach', 3.7, 10);
```

```
$n=$car->addItem('pear', 5, 8);
echo "目前有$n 件商品! <br>";
echo $car->getItems(),'<br>';              //显示购物车信息
$car->addItem('Apple', 5, 6);              //添加同名商品
echo "添加同名商品'Apple', 5, 6，价格为新价格，数量增加<br>";
echo $car->getItems(),'<br>';              //显示购物车信息
if($car->removeItem('peach'))              //删除购物车商品
        echo '删除商品 peach 成功! ';
else
        echo '删除商品 peach 失败! ';
echo $car->getItems(),'<br>';              //显示购物车信息
```

5.4 巩固练习

1．选择题

（1）下列说法不正确的是（   ）。

    A．PHP 中类使用 class 关键字进行声明

    B．类可以没有属性成员或方法程序

    C．类中的属性成员应该在方法之前进行声明

    D．可以不为类定义构造函数和析构函数

（2）类 test 的定义如下，$x 是类 test 的对象，则 4 个选项中，正确的是（   ）。

```
class test{
        private $a;
        public $b;
}
```

    A．$x.a=1;   B．$x->a=1;

    C．$x.b=1;   D．$x->b=1;

（3）类 test 的定义如下，$x 是类 test 的对象，则 4 个选项中，正确的是（   ）。

```
class test{
        const no='110';
}
```

    A．echo $x.no;   B．echo $x->no;

    C．echo test->no;   D．echo test::no;

（4）执行下面的代码后，输出结果为（   ）。

```
class test{
        public $data;
}
$x=new test();
$x->data=100;
$y=$x;
```

```
$y->data=10;
echo $x->data;
```

    A. 100   B. 10

    C. 0   D. null

（5）下列说法正确的是（　　　）。

    A. 只有将类的实例对象赋值给变量，才能使用对象

    B. 如果没有定义类的构造函数，则无法创建类的对象

    C. 如果没有任何到对象的引用，则对象的析构函数会被调用

    D. 无论何种情况，在类外部都不能通过对象用"->"访问私有属性

2．编程题

（1）定义一个 pereson 类，调用 say()方法输出 "hello php"。

（2）定义一个（1）中定义的 pereson 类的子类，为子类声明一个 say()方法，在其中调用父类 say()方法。

（3）实现下面的接口，并在网页中显示指定行列数的随机数表格。

```
interface table{
        const maxRows=10;                      //最大行数
        const maxCols=10;                      //最大列数
        function setRowsCols($rows,$cols);     //设置表格行列数，不超过最大值
        function randNumber();                 //生成100以内的随机整数填充表格
        function showTable();                  //在网页显示表格
}
```

PART 6

项目六
在线文件库

　　文件操作是程序设计语言的一个重要的组成部分。应用程序运行时的数据都保存在内存之中。程序数据要持久化保存，有两种选择：一是使用文件，二是使用数据库。Web网站中文件的上传和下载均会使用文件操作功能。本章将介绍如何在 PHP 中处理文件。

项目要点

- 文件操作
- 目录操作
- 文件上传

具体要求

- 了解如何访问文件属性
- 掌握目录基本操作
- 掌握文件基本操作
- 掌握网络文件的上传

6.1　项目目标

　　实现具有上传文件、查看已上传文件、可删除已上传文件和下载文件等功能的在线文件库，如图 6.1 所示。（源代码：\chapter6\example*.*）

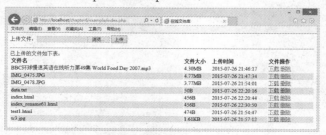

图 6.1　在线文件库首页

6.2　相关知识

6.2.1　文件操作

文件操作主要包含获取文件属性、打开文件、读写文件、删除文件等操作。下面分别进行介绍。

1．文件属性

程序中有时需要使用文件的一些属性，如文件类型、文件大小、文件时间、文件权限等。下面分别对 PHP 提供的常用文件属性函数进行介绍。

- filetype($file)：返回文件类型。Windows 系统中文件类型为 file、dir 或 Unknown。
- filesize($file)：返回文件大小，单位为字节。
- filectime($file)：返回文件创建时间的时间戳（一个整数），通常需格式化为日期时间进行显示。
- fileatime($file)：返回文件上次访问时间。
- filemtime($file)：返回文件上次修改时间。
- fileperms($file)：返回文件权限，整数。该整数通常包含了文件是否可读写以及其他的信息。
- is_writable($file)：返回文件是否可写。
- is_readable($file)：返回文件是否可读。
- stat($file)：以数组形式返回文件的全部信息。

例 6.1　使用自定义函数，代码如下。（源代码：\chapter6\test1.php）

```php
<?php
$fn="D:\\php5";
echo 'D:\\php5<br>';
echo '文件类型：',filetype($fn);
echo'<br>文件创建时间：';
echo date("Y-m-d G:i:s",filectime($fn)),'<br><br>';

$fn="D:\\php5\\php.ini";
echo $fn,'<br>';
if(is_readable($fn))
    echo '文件可读。<br>';
else
    echo '文件不可读。<br>';
if(is_writable($fn))
    echo '文件可写。<br>';
else
    echo '文件不可写。<br>';
echo '文件类型：',filetype($fn);
echo'<br>文件大小：';
echo filesize($fn).'字节';
```

```
echo'<br>文件创建时间：';
echo date("Y-m-d G:i:s",filectime($fn));
echo'<br>文件上次访问时间：';
echo date("Y-m-d G:i:s",fileatime($fn));
echo'<br>文件上次修改时间：';
echo date("Y-m-d G:i:s",filemtime($fn));
echo'<br>文件权限：';
echo printf("%o",fileperms($fn));
echo 'stat()函数返回的文件属性数组：<br>';
$a=stat($fn);//获取包含文件信息的数组
$n=0;
echo '<table border=0 width=100%><col witdth=20%/><col witdth=20%/>'.
        '<col witdth=20%/><col witdth=20%/>';
foreach ($a as $k=>$v){
    $n++;                                          //$n 用于控制每行输出 5 个数据
    if($n==1) echo '<tr>';
    echo "<td>stat[$k]=$v</td>";
    if($n==5){
        echo '</tr>';
        $n=0;
    }
}
echo '</table>';
```

例 6.1 代码在 IE 浏览器中的显示结果如图 6.2 所示。

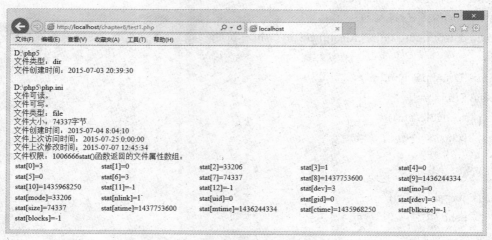

图 6.2   例 6.1 代码在 IE 中的显示结果

2．文件的打开和关闭

在读写文件时，通常需要先打开文件。fopen()函数用于打开文件，返回指向打开文件的文件指针，其基本格式如下：

$handle=fopen($fname, $mode);

其中，$handle 变量保存返回的文件指针，其数据类型为 resource。$fname 为文件名，可以是本地文件，也可以是远程文件的 URL。$mode 为文件打开模式，指定文件读写方式。可使用下列文件打开模式。

- r：只读方式打开，将文件指针指向文件头。
- r+：读写方式打开，将文件指针指向文件头。
- w：只写入方式打开，将文件指针指向文件头，文件原有内容被删除。若文件不存在，则用指定文件名创建文件再打开。应注意，只要用 w 方式打开文件，即使没有向原文件写入任何内容，原文件内容都将被删除。
- w+：读写方式打开，其他行为与 w 相同。
- a：只写入方式打开，将文件指针指向文件末尾，始终在文件末尾写入数据。若文件不存在，则用指定文件名创建文件再打开。
- a+：读写方式打开，其他行为与 a 相同。
- x：创建新文件并以只写入方式打开，将文件指针指向文件头。若文件已存在，打开失败，函数返回 FALSE，并生成一条 E_WARNING 级别的错误信息。
- x+：创建新文件并以读写方式打开，其他行为与 x 相同。
- c：只写入方式打开，将文件指针指向文件头，文件原有内容保留。若文件不存在，则用指定文件名创建文件再打开。
- c+：读写方式打开，其他行为与 c 相同。

📖 **提示：**

文件读写都在文件指针位置进行，读出或写入 n 个字节时，文件指针向后移动 n 个字节。

文件使用结束后，应及时使用 fclose() 函数将其关闭。fclose() 函数基本格式为

fclose($handle);

其中，$handle 为已打开的文件指针。

例如：下面的代码分别用于打开不同的文件，然后将其关闭。

```
$handle=fopen('d:/temp/data.txt','r');              //只读方式打开，使用 UNIX 风格路径分隔符
fclose($handle);                                     //关闭文件
$handle=fopen('d:\\temp\\data.txt','w');            //只写入方式打开，使用 Windows 风格路径
                                                       分隔符
fclose($handle);                                     //关闭文件
$handle=fopen('http://localhost/chapter6/tt.php','r');  //只读方式打开远程文件
fclose($handle);                                     //关闭文件
```

3．向文件写入数据

fwrite() 函数用于向文件写入数据，其基本格式为

fwrite($handle,$data,$len);

其中，$handle 为打开的文件指针，$data 为要写入的字符串。$len 指定写入的字符串长度，若 $data 长度超过 $len，多余的字符不会被写入文件。$len 可以省略，省略时 $data 全部写入文件。

fwrite()函数返回写入的字符数，写入出错则返回 FALSE。

例 6.2　打开文件并写入数据，代码如下。（源代码：\chapter6\test2.php）

```php
<?php
    $fname='test2_data.txt';
    $mode='w';
    $handle= fopen($fname,$mode);
    $n=fwrite($handle,'PHP book');
    echo "写入$n 个字符<br>";
    fwrite($handle,"\n");
    $n=fwrite($handle,123);
    echo "写入$n 个字符<br>";
    fwrite($handle,"\n");
    $n=fwrite($handle,12.34);
    echo "写入$n 个字符<br>";
    fwrite($handle,"\n");
    $n=fwrite($handle,TRUE);
    echo "写入$n 个字符<br>";
    fwrite($handle,"\n");
    $n=fwrite($handle,serialize(array(1,'ab')));
    echo "写入$n 个字符<br>";
    fclose($handle);
    echo '文件操作结束';
```

提示：

数组和对象等复杂类型的数据，需要使用 serialize()函数进行序列化转换之后才能使用 fwrite()函数写入文件。

提示：

fopen()函数中指定的文件如果没有指定路径，则默认和当前 PHP 文件路径相同。

例 6.2 代码在 IE 浏览器中的显示结果如图 6.3 所示。

图 6.3　例 6.2 代码在 IE 中的显示结果

可用 Windows 写字板（记事本打开看不出换行效果）打开 test2_data.txt 文件，查看写入的数据，如图 6.4 所示。

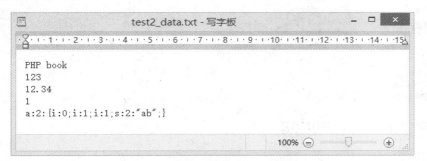

图 6.4　使用写字板查看写入的数据

4．读取文件数据

当了解写入数据的方法后，即可对读取文件数据的 3 个函数分别进行介绍。

- fgetc($handle)：读一个字符。
- fgets($handle,$len)：省略$len 时，读一行。若指定了$len，行中的字符数大于$len 则读
$len 个字符，否则读完行中字符就停止。
- fgetss($handle,$len,$tags)：与 fgets()类似。区别在于 fgetss()会删除读出字符串中的 HTML
和 PHP 标记。可用$tags 参数指定需要保留的标记。

例 6.3　读文件数据，代码如下。（源代码：\chapter6\test3.php）

```php
<?php
    $fname='test3_data.txt';
    $mode='r';
    $handle=fopen($fname,$mode);
    echo fgetc($handle);    //读 1 个字符
    echo '<br>';
    echo fgets($handle);    //读 1 行，第 1 行中已读出 1 个字符，此时读出该行剩余字符
    echo '<br>';
    echo fgets($handle);    //读第 2 行数据
    echo '<br>';
    echo fgetss($handle);    //读第 3 行，删除 HTML 标记
    echo '<br>';
    echo fgetss($handle,255,'<h1>');    //已知行中字符少于 255，所以可读出第 4 行，保
                                        留<h1>
    echo '<br>';
    fclose($handle);
    echo '文件操作结束';
```

其中，test3_data.txt 文件数据如下：

```
PHP book
C++ book
<h1>php programming</h1><a href=#>PHP 编程</a>
<h1>c++ programming</h1><a href=#>C++编程</a>
```

例 6.3 代码在 IE 浏览器中的显示结果如图 6.5 所示。

图 6.5　例 6.3 代码在 IE 中的显示结果

5．读 CSV 文件

CSV 文件指文件中的数据用分隔符（分号、逗号）等分隔。可用 fgetcsv() 函数读取 CSV 文件，并解析数据，其基本格式为

```
$a=fgetcsv($handle,$len,$csv);
```

与 fgets() 函数类似，fgetcsv() 函数从 $handle 指定的文件中读取一行或 $len 指定数量的字符（ $len 为 0 也表示读一行）。读出的字符串按指定的分隔符分解为数组返回。

例 6.4　读取 CSV 文件，代码如下。（源代码：\chapter6\test4.php）

```php
<?php
    $fname='test4_data.txt';
    $mode='r';
    $handle=fopen($fname,$mode);
    $a=fgetcsv($handle,0, ';');
    foreach ($a as $value) echo $value,'<br>';
    fclose($handle);
    echo '文件操作结束';
```

test4_data.txt 文件内容如下：

```
PHP book;C++ book;PHP 编程;C++编程
```

例 6.4 代码在 IE 浏览器中的显示结果如图 6.6 所示。

图 6.6　例 6.4 代码在 IE 中的显示结果

6．读整个文件内容

file() 函数可以不需要使用 fopen() 函数打开文件，即可将读出文件的全部内容放入一个数组，文件每行数据为一个数组元素值。

file_get_contents() 函数可将文件内容读入一个字符串。

例 6.5　将文件内容读入数组。（源代码：\chapter6\test5.php）

```php
<?php
    $a=file("test5_data.txt");
    echo 'file("test5_data.txt")读出的文件内容如下：<br>';
    foreach ($a as $value) {
        echo $value,'<br>';
    }
    $a=file_get_contents("test5_data.txt");
    echo '<br>file_get_contents("test5_data.txt")读出的文件内容如下：<br>';
    echo $a;
    echo '<br>处理回车换行后的文件内容：<br>',nl2br($a);
```

test5_data.txt 文件内容如下：

```
100
123.45
PHP book
C++ book
```

file_get_contents()函数读出的字符串中包含了 ↵ 符号，↵ 符号在浏览器中被忽略，不会显示换行效果，要显示换行效果，需使用 nl2br()函数处理。

例 6.5 代码在 IE 浏览器中的显示结果如图 6.7 所示。

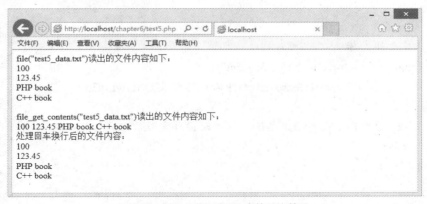

图 6.7　例 6.5 代码在 IE 中的显示结果

7．其他文件操作

下面分别对其他常用的文件操作函数进行介绍。

- file_exists($filename)：测试指定的文件是否存在，文件存在返回 TRUE，否则返回 FALSE。

- copy($filename, $filename2)：将文件$filename 复制为$filename2。操作成功返回 TRUE，否则返回 FALSE。

- rename($filename, $filename2)：将文件$filename 名称修改为$filename2。操作成功返回 TRUE，否则返回 FALSE。

- ftruncate($handle,$n)：将$handle 指定的已打开文件长度缩短为$n 字节。注意，如果文件长度小于$n，则会用 NULL 填充并将文件扩展到$n 字节。操作成功返回 TRUE，否则返回 FALSE。

- unlink($filename)：删除指定文件，操作成功返回 TRUE，否则返回 FALSE。

例 6.6　使用文件的存在测试、复制、更名、截取和删除等操作，代码如下。（源代码：\chapter6\test6.php）

```php
<?php
    $filename="test5_data.txt";
    if(file_exists($filename))//检测文件是否存在
        echo "$filename 存在！";
    else {

        echo "$filename 不存在！";
        exit;    //结束脚本，避免后继文件操作出错
    }


    //复制文件
    if(copy($filename,"d:/temp.dat"))
            echo "<br>$filename 已复制为 d:/temp.dat！";
    else {
        echo "<br>$filename 复制操作失败！";
        exit;
    }


    //更改文件名称
    if(rename("d:/temp.dat","d:/temp2.dat"))
            echo "<br>d:/temp.dat 文件名称已修改为 d:/temp2.dat！";
    else {
        echo "<br>d:/temp.dat 文件名称修改操作失败！";
        exit;
    }


    //截取文件
    echo "<br>d:/temp2.dat 文件原始内容为：", file_get_contents('d:/temp2.dat');
    $handle=   fopen('d:/temp2.dat','r+');
    if(ftruncate($handle,10))//将文件截取为 10 个字符
            echo "<br>d:/temp2.dat 文件截取成功！";
    else {
        echo "<br>d:/temp.dat 文件截取操作失败！";
    }
    fclose($handle);
    echo "<br>d:/temp2.dat 文件内容截取后为：", file_get_contents('d:/temp2.dat');
```

```
//删除文件
if(unlink("d:/temp2.dat"))
        echo "<br>d:/temp2.dat 文件删除成功！";
else {
    echo "<br>d:/temp2.dat 文件删除操作失败！";
}
if(file_exists("d:/temp2.dat"))//检测文件是否存在
    echo "<br>d:/temp2.dat 存在！";
else {
    echo "<br>d:/temp2.dat 不存在！";
}
```

例 6.6 代码在 IE 浏览器中的显示结果如图 6.8 所示。

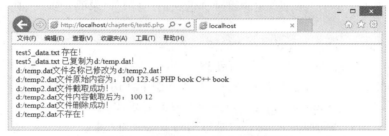

图 6.8　例 6.6 代码在 IE 中的显示结果

6.2.2　目录操作

目录操作主要包括解析目录、遍历目录、创建目录和删除目录等操作。下面分别进行介绍。

1．解析目录

目录解析函数用于获取一个文件名中的路径名、文件主名和扩展名等信息。下面对目录解析函数分别进行介绍。

- basename($path)：返回路径中的文件名（含扩展名）。
- dirname($path)：返回路径中指向文件名的完整路径，即文件名中除去 basename()函数获取的部分。
- pathinfo($path)：以数组形式返回文件名中的路径名、文件主名和扩展名。

例 6.7　解析目录，代码如下。（源代码：\chapter6\test7.php）

```php
<?php
    $path='G:\\phpcd\\chapter6\\test6.php';
    echo "path=$path<br>basename(\$path)=";
    echo basename($path);
    echo '<dirname($path)=>';
    echo dirname($path);
    echo '<br>';
    foreach (pathinfo($path) as $key => $value) {
        echo "pathinfo[$key]=$value<br>";
    }
```

例 6.7 代码在 IE 浏览器中的显示结果如图 6.9 所示。

path=G:\phpcd\chapter6\test6.php
basename($path)=test6.php
dirname($path)=>G:\phpcd\chapter6
pathinfo[dirname]=G:\phpcd\chapter6
pathinfo[basename]=test6.php
pathinfo[extension]=php
pathinfo[filename]=test6

图 6.9　例 6.7 代码在 IE 中的显示结果

2. 遍历目录

遍历目录可以查看目录包含的子目录和文件。下面对遍历目录函数分别进行介绍。

- opendir($dirname)：打开指定的目录，返回指向打开目录的指针。如果打开失败，则返回 FALSE。
- readdir($dir_handle)：返回目录中的下一个文件名。
- closedir($dir_handle)：关闭打开的目录
- scandir($dirname)：无需打开目录，直接以数组形式访问目录内容。
- disk_total_space($dirname)：返回总目录的磁盘空间大小。
- disk_free_space($dirname)：返回目录可用的磁盘空间大小。

例 6.8　遍历目录，代码如下。（源代码：\chapter6\8.php）

```php
<?php
$dirname='e:/temp';
echo "path=$dirname  目录总空间：",disk_total_space($dirname);
echo " 目录可用空间：",disk_free_space($dirname);
echo" 使用 readdir()遍历目录：<br>";
if($dir_handle=opendir($dirname)){
    //正确打开目录后，才继续执行后续目录操作
    echo '<table border=1 width=100%><col witdth=25%/><col witdth=25%/>'.
        '<col witdth=25%/>';
    echo '<tr><th align="left">文件名</th><th   align="left">文件类型</th>'.
            '<th align="left">创建时间</th><th align="left">文件大小</th></tr>';
    while(($file=readdir($dir_handle))!==false)
    {
        $filename=$dirname.'/'.$file;
        echo '<tr><td>',$file,'</td>';
        echo '<td>',filetype($filename),'</td>';
        echo '<td>',date("Y-m-d G:i:s",filectime($filename)),'</td>';
        echo '<td>',  filesize($filename),'</td></tr>';
        }
    echo '</table>';
```

```
        closedir($dir_handle);          //关闭打开的目录
    }else{
        echo '打开目录失败！';
    }
    echo '<br>';
    echo "path=$dirname 使用 scandir()遍历目录：<br>";
    echo '<table border=1 width=100%><col witdth=25%/><col witdth=25%/>'.
            '<col witdth=25%/>';
    echo '<tr><th align="left">文件名</th><th  align="left">文件类型</th>'.
            '<th align="left">创建时间</th><th align="left">文件大小</th></tr>';
    foreach (scandir('e:\temp') as $file){
        $filename=$dirname.'/'.$file;
        echo '<tr><td>',$file,'</td>';
        echo '<td>',filetype( $filename),'</td>';
        echo '<td>',date("Y-m-d G:i:s",filectime( $filename)),'</td>';
        echo '<td>',  filesize( $filename),'</td></tr>';
    }
    echo '</table>';
```

提示：

readdir() 和 scandir()函数获得的文件名不包含路径信息,所以在使用 filetype()、filectime()和 filesize()等函数获取文件属性时，应加上文件路径，否则函数会调用失败，产生一个 Warning 错误。

例 6.8 代码在 IE 浏览器中的显示结果如图 6.10 所示。

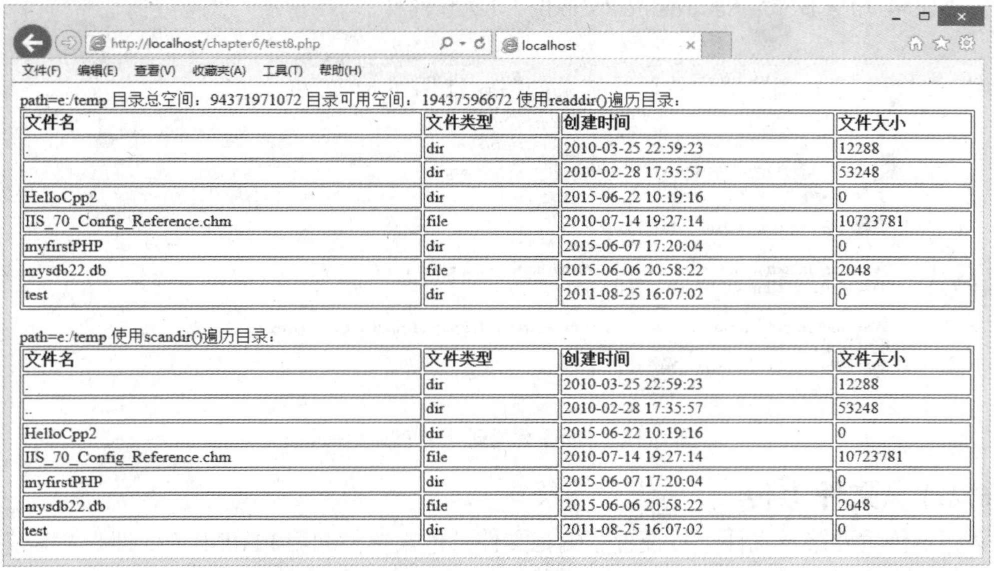

path=e:/temp 目录总空间：94371971072 目录可用空间：19437596672 使用readdir()遍历目录：

文件名	文件类型	创建时间	文件大小
.	dir	2010-03-25 22:59:23	12288
..	dir	2010-02-28 17:35:57	53248
HelloCpp2	dir	2015-06-22 10:19:16	0
IIS_70_Config_Reference.chm	file	2010-07-14 19:27:14	10723781
myfirstPHP	dir	2015-06-07 17:20:04	0
mysdb22.db	file	2015-06-06 20:58:22	2048
test	dir	2011-08-25 16:07:02	0

path=e:/temp 使用scandir()遍历目录：

文件名	文件类型	创建时间	文件大小
.	dir	2010-03-25 22:59:23	12288
..	dir	2010-02-28 17:35:57	53248
HelloCpp2	dir	2015-06-22 10:19:16	0
IIS_70_Config_Reference.chm	file	2010-07-14 19:27:14	10723781
myfirstPHP	dir	2015-06-07 17:20:04	0
mysdb22.db	file	2015-06-06 20:58:22	2048
test	dir	2011-08-25 16:07:02	0

图 6.10 例 6.8 代码在 IE 中的显示结果

3．创建和删除目录

下面分别对创建和删除目录的函数进行介绍。

- mkdir ($pathname)：创建指定目录，成功时返回 TRUE，失败时返回 FALSE。
- rmdir($dirname)：删除指定目录，成功时返回 TRUE，失败时返回 FALSE。若目录不为空或者没有权限，则不能删除目录，提示脚本出错。

例 6.9 创建和删除目录，代码如下。（源代码：\chapter6\test9.php）

```php
<?php
$dirname='e:/temp';
if(mkdir($dirname. '/subdir')){
    echo '创建目录：'.$dirname. '/subdir ，操作成功！';
}
if(mkdir($dirname. '/subdir')){//再次创建相同目录，测试是否失败
    echo '创建目录：'.$dirname. '/subdir ，操作成功！';
}
if(mkdir($dirname. '/subdir/subdir2')){
    echo '创建目录：'.$dirname. '/subdir/dir2 ，操作成功！';
}
if(rmdir($dirname. '/subdir')){//目录不空，删除操作会失败
    echo '删除目录：'.$dirname. '/subdir ，操作成功！';
}
if(rmdir($dirname. '/subdir/subdir2')){
    echo '删除目录：'.$dirname. '/subdir/dir2 ，操作成功！';
}
if(rmdir($dirname. '/subdir')){
    echo '删除目录：'.$dirname. '/subdir ，操作成功！';
}
```

例 6.9 代码在 IE 浏览器中的显示结果如图 6.11 所示。

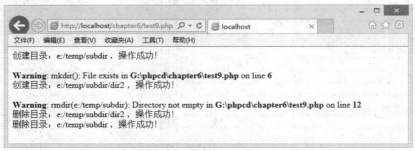

图 6.11　例 6.9 代码在 IE 中的显示结果

6.2.3　文件上传

文件上传主要涉及文件上传设置、编写文件上传表单、编写 PHP 上传处理脚本等操作。下面分别对这些操作进行介绍。

1．文件上传设置

要保证上传成功，首先要进行正确的设置，包括设置表单字符编码方式、客户端文件大小设置和 php.ini 中的有关文件上传设置。下面分别进行介绍。

（1）设置表单字符编码方式

在文件上传客户端表单后，应将表单编码方式设置为 multipart/form-data，否则无法上传文件，例如：

```
<form enctype="multipart/form-data" ……>
```

（2）客户端文件大小设置

在文件上传客户端表单后，通常应添加一个隐藏字段设置文件大小限制。例如：

```
<input type="hidden" name="MAX_FILE_SIZE" value="83886080" />
```

超过大小限制的文件将不会被上传。

（3）php.ini 中的有关文件上传设置

在 PHP 配置文件 php.ini 中，应正确设置对应的选项，下面对这些选项分别进行介绍。

* upload_max_filesize：上传文件最大值，默认为 2MB。客户端设置的 MAX_FILE_SIZE 值不能超过该值。

* post_max_size：允许客户端 POST 请求发送的最大数据量。

* max_input_time：脚本接收输入的最大时间，包括文件上传。默认值为 60 s。

* file_upload=On：开启文件上传，若设置为 Off 则禁止上传文件。

* upload_tmp_dir：设置临时保存上传文件的目录，默认为操作系统临时目录。

* max_file_uploads：允许同时上传的最大文件数，默认为 20。

2．编写文件上传表单

典型的文件上传表单如下：

```
<form enctype="multipart/form-data" action="getUpload.php" method="POST">
    <input type="hidden" name="MAX_FILE_SIZE" value="8388608" />
    上传文件：<input name="myfile" type="file" />
    <input type="submit" value="上传" />
</form>
```

表单的 action 属性中指定用于处理上传文件的 PHP 脚本。文件选择输入字段"<input name="myfile" type="file" />"的 name 属性值"myfile"将被 PHP 使用。

3．编写 PHP 上传处理脚本

通过客户端表单上传的文件保存在 PHP 临时目录的临时文件中，临时文件扩展名为.tmp。临时文件在表单处理脚本（action 属性中指定）执行期间存在，表单处理结束，临时文件将被自动删除。所以，通常将临时文件名修改为上传文件的原始名称，以保存上传的文件。

PHP 会在全局数组$_FILES 中创建一个数组元素（$_FILES['myfile']）以保存上传文件的信息数组。$_FILES['myfile']数组包含下列元素。

* [name] =>：上传文件的文件名。

* [type] =>：文件的类型，如 text/plain、image/jpeg 等。

* [tmp_name] =>：上传文件的临时文件名。

* [error] =>：错误信息代码。错误代码为 0 表示未发生错误，文件上传操作完成；1 表示文件超过了 php.ini 中的 upload_max_filesize 设置；2 表示文件超过了表单中的 MAX_FILE_SIZE

设置；3 表示文件部分上传；4 表示文件没有上传；6 表示没有找到临时文件夹；7 表示文件写入失败。

- [size] =>：上传文件的大小。

在脚本中，通常可使用 rename()函数，或者 move_uploaded_file()函数来修改临时文件名称。

提示：

默认情况下，rename()和 move_uploaded_file()会覆盖同名的文件，所以使用前应检测是否已存在同名文件，避免覆盖原有文件。本章综合实例中介绍了如何重命名上传文件。

提示：

在上传中文文件名时，因为 PHP 默认为 UTF-8 编码，所以会出现乱码。此时可使用 iconv('UTF-8','gb2312',$uploadfile)转换中文文件名的编码为 gb2312，即可正确显示中文。

例 6.10　实现单个文件上传。（源代码:\chapter6\test10_getUpload.php、test10_ client.html）test10_client.html 文件实现文件上传表单，其代码如下。

```html
<html>
    <head>
        <title>上传单个文件</title>
        <meta charset="UTF-8">
        <meta name="viewport" content="width=device-width, initial-scale=1.0">
    </head>
    <body>
        <!-- 必须指明 enctype="multipart/form-data"，否则无法上传 -->
        <form enctype="multipart/form-data" action="test10_getUpload.php" method="POST">
            <!-- 必须包含隐藏字段 MAX_FILE_SIZE 8M-->
            <input type="hidden" name="MAX_FILE_SIZE" value="8388608" />
            <!-- 字段名 myfile 将作为 PHP 全局数组$_FILES 下标,保存上传文件信息
            数组 -->
            上传文件：<input name="myfile" type="file" />
            <input type="submit" value="上传" />
        </form>
    </body>
</html>
```

test10_getUpload.php 为上传文件处理脚本，代码如下。

```php
<?php
$uploaddir = 'd:\php5\upload\\';
$uploadfile = $uploaddir.basename($_FILES['myfile']['name']);//获取文件完整名称，含路径
if(array_key_exists('myfile',$_FILES)){ //这里的参数名字必须与表单中一致
    if(0==$_FILES['myfile']['error']){//为 0 说明上传操作完成
        if (rename($_FILES['myfile']['tmp_name'], iconv('UTF-8','gb2312',$uploadfile))){//
```

```
        修改文件名
                echo "临时文件更名成功，完成文件上传操作。\n";
            }else {
                echo "临时文件无法更名，上传操作失败，临时文件将被删除！\n";
            }
        }else{
            echo '文件上传出错，错误代码：',$_FILES['myfile']['error'];
        }
        //输出上传文件的信息数组
        echo '<br><br>文件上传信息：';
        echo '<pre>';
        print_r($_FILES);
        echo "</pre>";
    }else{
        echo '出错了，未能执行文件上传操作！';
    }
}
```

test10_client.html 文件实现的文件上传表单在 IE 浏览器中的显示结果如图 6.12 所示。

图 6.12　文件上传表单结果

单击页面中的 <u>浏览...</u> 按钮可打开对话框选择上传的文件，然后单击 <u>上传</u> 按钮，调用 test10_getUpload.php 处理上传文件。处理结果如图 6.13 所示。

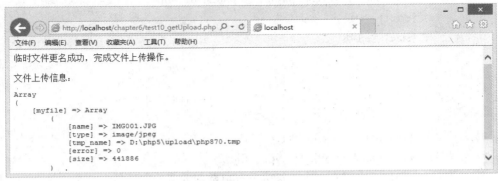

图 6.13　文件上传处理结果

如果要上传多个文件，应在表单中添加多个文件字段控件，控件名称不相同，例如：

```
上传文件 1：<input name="myfile1" type="file"/>
上传文件 2：<input name="myfile2" type="file"/>
上传文件 3：<input name="myfile3" type="file"/>
```

文件上传后，$_FILES 中每个上传的文件信息被保存在一个数组元素中，依次处理每个数组元素，即可获得上传的文件。

例如，下面的代码为上传了 3 个文件的$_FILES 数组信息。

```
Array
(
    [myfile1] => Array
        (
            [name] => data.txt
            [type] => text/plain
            [tmp_name] => D:\php5\upload\phpDCFC.tmp
            [error] => 0
            [size] => 50
        )
    [myfile2] => Array
        (
            [name] => index.php
            [type] => text/plain
            [tmp_name] => D:\php5\upload\phpDCFD.tmp
            [error] => 0
            [size] => 26
        )
    [myfile3] => Array
        (
            [name] => 小三峡.jpg
            [type] => image/jpeg
            [tmp_name] => D:\php5\upload\phpDD0E.tmp
            [error] => 0
            [size] => 148153
        )
)
```

也可在文件上传表单中使用控件数组，即文件控件名称相同。例如：

```
上传文件 1: <input name="myfile[]" type="file"/>
上传文件 2: <input name="myfile[]" type="file"/>
上传文件 3: <input name="myfile[]" type="file"/>
```

文件上传后，$_FILES 中只有一个下标为 myfile 数组元素，它又包含一个二维数组，其中多个文件的相同属性（名称、类型等）保存在同一个数组中。

例如，下面的代码为上传了 3 个文件的$_FILES 数组信息，注意观察其中与使用不同文件控件名称时的区别。

```
Array
(
```

```
        [myfile] => Array
            (
                [name] => Array
                    (
                        [0] => 0812-1.JPG
                        [1] => index.php
                        [2] => u1w.mp3
                    )
                [type] => Array
                    (
                        [0] => image/jpeg
                        [1] => text/plain
                        [2] => audio/mpeg
                    )
                [tmp_name] => Array
                    (
                        [0] => D:\php5\upload\php4804.tmp
                        [1] => D:\php5\upload\php4805.tmp
                        [2] => D:\php5\upload\php4815.tmp
                    )
                [error] => Array
                    (
                        [0] => 0
                        [1] => 0
                        [2] => 0
                    )
                [size] => Array
                    (
                        [0] => 126932
                        [1] => 26
                        [2] => 4223213
                    )
            )
    )
```

　　在了解了多个文件如何上传后，$_FILES 数组中上传文件信息结构，使用脚本处理的操作与上传单个文件类似，不再赘述。

6.3　项目实现

　　为实现图 6.1 所示结果，可做如下分析。

- 实例包含了文件上传表单以及上传文件的接收处理脚本，可参考 6.2.3 节。
- 页面中显示的上传文件清单可参考 6.2.2 节，通过遍历保存上传文件的目录生成。
- 文件下载功能。首先应在 IIS 中添加一个虚拟目录，映射到上传文件目录。这样每个上传文件都有一个 URL。用该 URL 建立超链接目标地址，用户单击超链接或者使用右键另存为功能，即可下载文件。
- 文件删除功能。页面中的"删除"链接目标地址使用执行删除操作的 PHP 脚本，并将需要删除的文件名作为 URL 参数。这样在脚本中即可删除指定文件。
- 本例所使用的功能需要多个文件来实现，为便于管理，可在 NetBeans 中创建一个新的 PHP 项目，或者在现有项目中创建一个文件夹（本例选择了后者）。

实例代码：

本实例包含了 4 个文件：index.php、getFileList.php、getUpload.php 和 delete.php。

index.php 通过这些文件可实现在线文件库首页，显示文件上传表单和已上传文件清单，其代码如下。

```html
<html>
    <head>
        <meta charset="gb2312">
        <title>在线文件库</title>
    </head>
    <body>
        <!-- 文件上传表单 -->
        <form enctype="multipart/form-data" action="getUpload.php" method="POST">
            <input type="hidden" name="MAX_FILE_SIZE" value="8388608" />
            上传文件：<input name="myfile" type="file"/>
            <input type="submit" value="上传" />
        </form>
        <hr>
        <?php
            include 'getFileList.php';   //包含生成已上传文件清单的脚本
        ?>
    </body>
</html>
```

getFileList.php 包含在 index.php 中，以表格方式生成上传文件清单。本例为了首页代码结构更清晰，将上传文件清单生成代码放在独立的 PHP 文件中，也可将其直接放在 index.php 中。getFileList.php 代码如下。

```php
<?php
//以表格形式返回已经上传的文件列表
$uploaddir = 'd:\php5\upload\\';                        //上传文件目录
echo "已上传的文件如下表：";
echo '<table border=0 width=100%><col witdth=45%/><col witdth=25% />'.
        '<col witdth=15%/><col width=15%/>';
```

```php
echo '<tr ><th align=left>文件名</th><th align=left>文件大小</th>'.
        '<th align=left>上传时间</th><th align=left>文件操作</th></tr>';
$n=0;                                              //用于实现奇偶行表格显示不同背景色
foreach (scandir($uploaddir) as $file){
    //scandir()获得上传文件目录中的文件清单, 其中的中文文件名为系统的 gb2312 编码
    //各个文件属性函数应直接使用 scandir()获得的文件名, 只是在输出到网页时需要转换
    $filename=$uploaddir.$file;
    if(filetype($filename)=='dir') continue;       //忽略目录
    $n++;
    if($n%2==0) //相邻行显示不同的背景颜色
            echo '<tr bgcolor=Lavender>';
    else
            echo '<tr>';
    //输出到网页的文件名应使用 PHP 默认的 UTF-8 编码, 否则中文会出现乱码
    $utffile=iconv('gb2312','UTF-8',$file);        //转换文件名编码
    echo '<td>',$utffile,'</td>';
    echo '<td>',getsize(filesize( $filename)),'</td>';
    echo '<td>',date("Y-m-d G:i:s",filectime( $filename)),'</td>';
    echo '<td><a href=http://localhost/onlinefiles/',$utffile,'>下载</a>'
            .' <a href=delete.php?dfile=',$utffile,'>删除</a>'
            .'</td></tr>';
}
echo '</table>';

function getSize($a){
    //filesize()函数返回的文件大小以字节为单位, 转换后更具可读性
    //文件大小供用户查看文件, 所以没有进行精确转换
    if($a>(1024*1024))             //超过 1MB 的文件大小单位转换为 MB
        return sprintf('%0.2f', $a/1024/1024) . 'MB';
    else if($a>(1024))             //1MB 以内, 超过 1KB 的文件大小单位转换为 KB
        return sprintf('%0.2f', $a/1024) . 'KB';
    else
        return $a . 'B';           //1KB 以内的单位为 B
}
```

getUpload.php 实现上传文件处理功能。主要包括检测上传操作是否执行、文件是否上传成功及修改临时文件名等。成功处理完上传文件, 自动返回首页 index.php。如果有错误产生, 则显示相应的错误提示。getUpload.php 代码如下。

```php
<?php
$uploaddir = 'd:\php5\upload\\';                           //上传文件目录
$uploadfile = $uploaddir.basename($_FILES['myfile']['name']);  //获取文件完整名称, 含路径
```

```
if(array_key_exists('myfile',$_FILES)){              //这里的参数名字必须与表单
                                                        中一致
    if(0==$_FILES['myfile']['error']){               //为 0, 说明上传操作完成
        $gbfile=iconv('UTF-8','gb2312',$uploadfile);
        while(file_exists($gbfile)){
            //如果文件名存在, 则生成一个新文件名
            $fname=$_FILES['myfile']['name'];
            $fext=pathinfo($fname)['extension'];
            $n=strrpos($fname,$fext);
            //在主文件名末尾加_rename 和一个随机数
            $fmain= substr($fname, 0,-($n-1)).'_rename'.rand(1,100);
            $gbfile=$uploaddir.$fmain. '.'.$fext;
            $gbfile=iconv('UTF-8','gb2312',$gbfile);
        }
        if (rename($_FILES['myfile']['tmp_name'], $gbfile)){    //修改临时文件名
            echo "临时文件更名成功, 完成文件上传操作。\n";
            //上传成功后, 自动返回首页
            echo '<script>window.location ="index.php";</script>';
        }else {
            echo "临时文件无法更名, 上传操作失败, 临时文件将被删除! \n";
        }
    }else{
        echo '文件上传出错, 错误代码: ',$_FILES['myfile']['error'];
    }
    //输出上传文件的信息数组
    echo '<br><br>文件上传信息: ';
    echo '<pre>';
    print_r($_FILES);
    echo "</pre>";
}else{
    echo '出错了, 未能执行文件上传操作! ';
}
echo '<hr><a href=index.php>返回</a>';
```

delete.php 实现文件删除功能。首先从$_request 全局变量中获得要删除的文件名, 然后执行 unlink()函数将其删除。成功删除则自动返回首页, 否则显示错误信息。delete.php 代码如下。

```
<?php
$filename= $_REQUEST['dfile'];                    //获得要删除的文件名
$gbfile=iconv('UTF-8','gb2312',$filename);
$uploaddir = 'd:\php5\upload\\';                  //上传文件目录
if(unlink($uploaddir = 'd:\php5\upload\\' . $gbfile))
```

```
        //删除成功后，自动返回首页
        echo '<script>window.location ="index.php";</script>';
    echo $filename,' 删除操作失败！';
    echo '<hr><a href=index.php>返回</a>';
```

6.4　巩固练习

1．选择题

（1）下列说法正确的是（　　　）。

    A．在执行文件操作时，都必须先执行 fopen()函数将其打开

    B．r+模式打开文件时，只能从文件中读出数据

    C．w+模式打开文件时，只能向文件中写入数据

    D．x+模式不能打开已存在的文件

（2）要查看文件创建时间，可使用下面的（　　　）选项中的函数。

    A．filetype()　　　　　　　　　　　　B．filectime()

    C．fileatime()　　　　　　　　　　　　D．filemtime()

（3）打开文件后，不可以从文件中（　　　）。

    A．读一个字符　　　　　　　　　　　　B．读一个单词

    C．读一行　　　　　　　　　　　　　　D．读多行

（4）在实现上传文件表单时，表单编码方式应使用（　　　）。

    A．text/plain　　　　　　　　　　　　B．application/octet−stream

    C．multipart/form−data　　　　　　　D．image/gif

（5）下列说法正确的是（　　　）。

    A．如果没有设置任何文件大小限制，则可上传超大文件

    B．要启用 PHP 文件上传，必须设置 upload_tmp_dir

    C．上传的文件保存在临时目录中，可随时访问

    D．可从全局变量$_FILES 中获得上传文件的信息

2．编程题

（1）有一个文本文件内容如下，编写一个 PHP 脚本，读出其内容并将下列内容输出到网页中。

This is a PHP programming book

（2）将（1）中的文本文件中每个单词逆转顺序写入文件。逆转后文件的内容为

sihT si a PHP gnimmargorp koob

（3）实现一个文件上传网页，要求不允许上传可执行文件。

项目七
动态商品展示

Web 应用程序通常需要在服务器和客户端之间进行数据传递。但是客户端可通过哪些方式向服务器提交数据、Web 页面如何接收用户数据、如何在 Web 页面之间传递数据、如何保存用户访问网站期间的私有数据、如何在不刷新整个页面的情况下更新网页内容等，则是客户端数据处理的主要问题。本章将一一解答这些问题。

项目要点

- 客户端数据提交方法
- Form 表单
- 会话控制
- AJAX

具体要求

- 掌握 GET 方式数据的提交或获取
- 掌握 POST 方式数据的提交或获取
- 了解各种表单控件的使用
- 掌握 Cookies 的使用
- 掌握 Session 的使用
- 掌握 AJAX 的使用

7.1 项目目标

实现动态商品展示功能，如图 7.1 所示。（源代码：\chapter7\example*.*）

图 7.1　动态商品展示

7.2　相关知识

7.2.1　客户端数据提交方法

客户端浏览器的数据通常使用 GET、POST 和$-REQDEST 方式提交到服务器。下面对操作方法分别进行介绍。

1. GET 与 URL

GET 方式指直接在 URL 中提供上传数据或者通过表单采用 GET 方式上传。GET 方式上传的数据用户可以在浏览器地址栏中看到，所以涉及用户名、密码等私密数据时，使用 GET 方式并不合适。将表单的 method 属性设置为 get 时，表单各个数据也将附加到 URL 中上传。

直接在 URL 中上传数据的基本格式如下。

URL?参数名 1=参数值 1&参数名 2=参数值 2&……

URL 之后用问号给出"参数名/参数值"，等号前后分别为参数名和参数值。"参数名/参数值"值之间用 "&" 符号分隔。可以同时上传多个参数，URL 加参数的总长度受浏览器限制。例如：

http://localhost/chapter7/test1.php?name=admin&password=123&sub=%E6%8F%90%E4%BA%A4

也可以在浏览器地址栏中直接输入该 URL，或作为超级链接目标地址，均可将其提交给服务器。表单 GET 提交可允许用户在网页中输入数据提交，例如：

```
<form action="test1.php" method="get">
    用户名：<input type="text" name="name" value="" size="10" /><br>
    密码：<input type="password" name="password" value="" size="10" /><br>
    <input type="submit" value="提交" name="sub" />
    <input type="reset" value="重置" name="res" />
</form>
```

表单中各个控件的 name 属性值将作为上传的参数名，用户输入的数据作为参数值。该表单在 IE 浏览器中显示结果如图 7.2 所示。

图 7.2　GET 表单

在用户名文本框中输入"admin"，密码框中输入"123"，单击 提交 按钮提交，生成的 URL 和前面的例子相同。

GET 方式提交的数据通常保存在 PHP 的全局变量$_GET 中，每个参数名和参数值对应一个数组元素，参数名作为数组元素下标，参数值对应数组元素值。用$_GET['参数名']即可获得参数值。

2．POST 与$_POST

将表单的 method 属性设置为 post 时，浏览器采用 POST 方式向服务器提交数据。表单数据和 URL 中相同，仍为"参数名/参数值"，参数之间用"&"符号分隔。POST 方式下，表单数据对用户不可见，也不会出现在 URL 中，数据封装在 POST 请求的 HTTP 消息主题之中。

POST 表单基本格式如下。

```
<form action="test1.php" method="post">
    用户名：<input type="text" name="name" value="" size="10" /><br>
    密码：<input type="password" name="password" value="" size="10" /><br>
    <input type="submit" value="提交" name="sub" />
    <input type="reset" value="重置" name="res" />
</form>
```

POST 方式提交的数据保存在 PHP 全局变量$_POST 中，每个参数名和参数值对应一个数组元素，参数名作为数组元素下标，参数值对应数组元素值。用$_POST ['参数名']即可获得参数值。

提示：

可使用 GET 和 POST 方式提交数据。在表单的 action 属性请求的 URL 中包含参数，如 action="test1.php?data1=10&data2=20"

3．$_REQUEST

全局变量$_REQUEST 默认情况下包含了$_GET、$_POST 和$_COOKIE 之中的数据。所以不管用 GET 还是 POST，两种方式提交的参数均可用"$_ REQUEST [参数名]"获得参数值。

例 7.1　综合使用 GET 和 POST 方式提交数据。（源代码：\chapter7\test1.html、test1.php）

test1.html 中的表单采用 POST 方式提交数据，同时在表单 action 属性中包含了 GET 方式提交的数据，代码如下。

```
<html>
    <head>
        <title>第 7 章例 7.1</title>
```

```
        <meta charset="UTF-8">
        <meta name="viewport" content="width=device-width, initial-scale=1.0">
    </head>
    <body>
        <form action="test1.php?data1=10&data2=20" method="post">
            请输入数据：<input type="text" name="data3" value="" size="10" />
            <input type="submit" value="提交" name="sub" />
        </form>
    </body>
</html>
```

test1.php 用于接收数据，分别输出$_GET、$_POST 和$_REQUEST 数组数据，代码如下。

```php
<?php
echo '$_GET 数据：';
foreach ($_GET as $key => $value) {
    echo $key,'=>',$value,'  ';
}

echo '<br>$_POST 数据：';
foreach ($_POST as $key => $value) {
    echo $key,'=>',$value,'  ';
}

echo '<br>$_REQUEST 数据：';
foreach ($_REQUEST as $key => $value) {
    echo $key,'=>',$value,'  ';
}
```

test1.html 在 IE 浏览器中的显示结果如图 7.3 所示。

图 7.3　例 7.1 代码在 IE 中的显示结果

在文本框中输入 admin 后按"Enter"键或单击 提交 按钮提交数据。test1.php 处理结果如图 7.4 所示。可看到 提交 按钮的值也上传到了服务器。

图 7.4　数据处理结果

7.2.2　Form 表单

Form 表单是通过各种表单控件与用户交互、接收数据。下面对表单控件的相关知识进行介绍。

1．表单控件

本节简单介绍各种表单控件。包括 Text 文本框、Password 密码输入框、Hidden 隐藏控件、TextArea 文本域等。

提示：

大多数表单控件都有 name 和 value 属性。在对应的全局数组（$_GET、$_POST 和 $_REQUEST）中，name 属性值作为数组元素键，value 属性值作为元素值。如果未设置 name 属性，控件值不会被提交。

（1）Text 文本框

文本框接收用户输入，其常用属性 type、name、value 和 size 等。例如：

```
<input type="text" name="data3" value="" size="10" />
```

（2）Password 密码输入框

密码输入框与文本框类似，区别在于密码文本框的输入被隐藏，用"★"代替显示。使用示例如下：

```
<input type="password" name="password" value="123" size="10" />
```

（3）Hidden 隐藏控件

隐藏控件不会在浏览器中，它用于向服务器提交隐藏的数据。例如：

```
<input type="hidden" name="chide" value="noorder" />
```

（4）TextArea 文本域

文本域也称多行文本框，其 rows 属性设置显示的行数，cols 设置显示的列数。例如：

```
<textarea name="brief" rows="5" cols="20">初始值</textarea>
```

（5）Radio 单选按钮

Radio 单选按钮用于从多个选项中选择一个。通常 name 属性相同的单选按钮组成一个组，一组中的多个选项只能选择一个，选中后该单选项的值被提交。checked 属性设置为"checked"的选项默认选中。例如：

```
<input type="radio" name="sex" value="男" checked="checked"/>
<input type="radio" name="sex" value="女" />
```

（6）CheckBox 复选框

CheckBox 复选框用于实现多选。被选中的复选框的值被提交，未选中的被忽略。例如：

```
<input type="checkbox" name="book" value="读书" />
<input type="checkbox" name="ball" value="篮球" checked="checked" />
```

（7）Select 下拉列表

该下拉列表包含一组选项，选中项的值被上传。默认情况下，该下拉列表各个选项的 value 属性值即为显示的值。如果需要提交与显示不同的值，可在 value 属性中设置。使用示例如下。

```
<select name="work">
    <option value="C++">C++程序员</option>
    <option>PHP 程序员</option>
```

```
        <option>教师</option>
        <option>摄影师</option>
</select>
```

第 1 个选项显示的值为"C++程序员",提交的值为"C++"。

（8）Button 按钮

Button 按钮通常用于在 onclick 事件中调用客户端脚本中定义的函数。该按钮的值不会被提交。例如：

```
<input type="button" value="检查数据" name="checkdata" onclick="docheck()" />
```

（9）Hidden 隐藏控件

Hidden 隐藏控件不会在浏览器中，它用于向服务器提交隐藏的数据。例如：

```
<input type="hidden" name="chide" value="noorder" />
```

（10）Submit 提交按钮

该提交按钮可将表单数据提交给表单 action 属性指定的 URL。若设置了 name 属性，则其 value 值也会提交。若不想提交 value 值，只需不设置 name 属性即可。例如：

```
<input type="submit" value="提交" />
```

（11）Reset 重置按钮

重置按钮用于将表单中各个控件恢复到初始状态。例如：

```
<input type="reset" value="重置" />
```

2．表单控件综合实例

本节通过一个综合实例说明表单控件的使用。

例 7.2　综合使用表单控件设计用户注册页面，代码如下。（源代码：\chapter7\test2.php）

```
<html>
<head>
        <title>第 7 章例 7.2</title>
        <meta charset="UTF-8">
        <meta name="viewport" content="width=device-width, initial-scale=1.0">
</head>
<body>
        <form action="test2.php" method="post">
            <table border="0" width="100%">
                <col width="50%" /><col width="50%" />
                <tr>
                    <td align="right">请输入用户名：</td>
                    <td><input type="text" name="username" /></td>
                </tr>
                <tr>
                    <td align="right">请输入密码 1：</td>
                    <td><input type="password" name="password1" /></td>
                </tr>
                <tr>
```

```
        <td align="right">请输入密码 2：</td>
        <td><input type="password" name="password2" /></td>
</tr>
<tr>
        <td align="right">性别：</td>
        <td>男<input type="radio" name="sex" value="男"   checked="checked"/>
            女<input type="radio" name="sex" value="女" /></td>
</tr>
<tr>
        <td align="right">出生日期：</td>
        <td>
            <select name="year">
                <?php
                    for($a=1970;$a<2000;$a++)
                        echo "<option>$a</option>";
                ?>
            </select>年
            <select name="month">
                <?php
                    for($a=1;$a<13;$a++)
                        echo "<option>$a</option>";
                ?>
            </select>月
            <select name="day">
                <?php
                    for($a=1;$a<13;$a++)
                        echo "<option>$a</option>";
                ?>
            </select>日
        </td>
</tr>
<tr>
    <td align="right">爱好：</td>
    <td>
        阅读<input type="checkbox" name="book" value="阅读"/>
        登山<input type="checkbox" name="climb" value="登山" />
        音乐<input type="checkbox" name="music" value="音乐" />
    </td>
</tr>
<tr>
```

```
                <td align="right">个人简介：</td>
                <td>
                    <textarea name="brief" rows="4" cols="30">请在此输入个人简介
                    </textarea>
                </td>
            </tr>
            <tr>
                <td align="right"><input type="submit" value="提交" /></td>
                <td><input type="reset" value="重置" /></td>
            </tr>
        </table>
    </form>
    <?php
        if(count($_POST)==0) exit;
        echo '<hr>你输入的数据如下：<br/>';
        foreach ($_POST as $key => $value)
            echo '$_POST["',$key,'"]=',$value,'<br>';
    ?>
</body>
</html>
```

本例中表单实现和表单处理为同一个脚本文件 test2.php。首次打开时，因为没有提交，所以没有 POST 数据可显示。在页面中提交数据后，页面下方显示输入的数据，如图 7.5 所示。

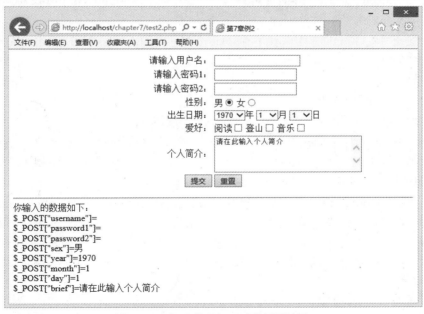

图 7.5　例 7.2 代码在 IE 中的显示结果

7.2.3 会话控制

1．使用 Cookie

Cookie 通常是服务器发送给浏览器客户端的数据，存储于客户端。当用户访问服务时，Cookie 数据随请求一起发回服务器。PHP 完全支持 HTTP Cookie，利用 Cookie 在客户端存储数据和跟踪识别用户。

（1）在客户端创建 Cookie

创建 Cookie 使用 setcookie()函数，其基本格式为

```
setcookie ($name , $value , $expire = 0 , $path , $domain )
```

下面对各参数含义分别进行介绍。

- $name：Cookie 变量名，字符串类型。
- $value：Cookie 变量值，字符串类型。
- $expire：Cookie 过期时间，整数类型。通常用 time()获得当前时间的秒数，再加上过期时间秒数来设置 cookie 过期时间。如 time()+360 可表示过期时间为 6 分钟。$expire 默认值为 0。当 expire 为 0 或未设置时，Cookie 会在用户离开网站（关闭浏览器）时失效。
- $path：设置 Cookie 在哪些服务器路径中可用，字符串类型。默认情况下，Cookie 只对当前目录中的网页有效。设置为 "/" 可对整个网站有效。

setcookie()函数成功时返回 TRUE，否则返回 FALSE。创建的 Cookie 被发送到客户端保存。参数除$name 外，均可省略。字符串类型参数可用空字符串表示省略该参数。$expire 用 0 表示省略。例如：

```
setcookie('username', $_POST['username'], time()+3600);      //将表单上传的 username 存入
                                                              cookie
setcookie('isloged', 'TRUE', time()+3600);                   //3600 表示有效期为 1 小时
```

（2）读取 Cookie 内容

全局数组变量$_COOKIE 中保存了 Cookie 变量。例如，下面的代码输出 Cookie 变量值。

```
echo $_COOKIE ['username'];
```

（3）删除 Cookie

删除 Cookie 有两种方法。

一是使用 setcookie()函数设置 Cookie 失效时间为到期时间。例如：

```
setcookie('isloged', '', time()-1);              //Cookie 有效期为当前时间前一秒
```

二是在浏览器中删除 Cookie。IE 浏览器可在 "Internet 选项" 设置中删除历史数据（含 Cookie），即可删除 Cookie。

例 7.3　使用 Cookie 保存用户登录状态。（源代码：\chapter7\test3.php、test3_2.php）

test3.php 首先检查 $_COOKIE 是否存在登录信息，若存在则显示欢迎信息，否则显示登录表单。第一个访问 test3.php 或登录密码不正确时才显示登录表单。如果密码不正确，会在表单下方显示错误提示信息；如果登录密码正确，则创建 Cookie 存放用户名和登录成功标识。test3.php 代码如下。

```html
<html>
<head>
    <title>第 7 章例 7.3</title>
</head>
```

```
<body>
<?php
    //若 Cookie 中 username 存在和登录标记为 TRUE，则显示欢迎信息，不显示登录表单
    if(isset($_COOKIE['username']) and $_COOKIE['isloged']=='TRUE'){
        echo '欢迎',$_COOKIE['username'],'，你已成功登录！ ';
        exit;
    }
    if(count($_POST)==0 or $_POST['password']<>'123456'){
    //未登录时，显示登录页面，下面的表单在 if 条件为 TRUE 时显示
    //count($_POST)==0 表示位执行过登录操作，无登录数据存在
    //$_POST['password']<>'123456'是假设正确的密码为 123456，密码不正确也显示登录表单
?>
    <form action="test3.php" method="post">
        <table border="0" width="100%">
            <col width="50%" /><col width="50%" />
            <tr>
                <td align="right">请输入用户名：</td>
                <td><input type="text" name="username" /></td>
            </tr>
            <tr>
                <td align="right">请输入密码：</td>
                <td><input type="password" name="password" /></td>
            </tr>
            <tr>
                <td align="right"><input type="submit" value="提交" /></td>
                <td><input type="reset" value="重置" /></td>
            </tr>
        </table>
    </form>
<?php
        if(count($_POST)<>0)
            //该 if 语句嵌套在登录表单显示部分，在重新显示页面时，显示附加的错误
              提示信息
            echo '<div align="center"><font color="red">'
            .'用户名或密码错误，请重新登录</font></div>';
    }else{
            //登录成功，设置 Cookie
            setcookie('username', $_POST['username'], time()+3600);
            setcookie('isloged', 'TRUE', time()+3600);
            echo '<script>window.location ="test3_2.php";</script>';//实现页面跳转
```

```
        }
    ?>
    </body>
    </html>
```

test3_2.php 主要用于测试 Cookie 作用。脚本首先检查是否已成功登录，若已成功登录，显示欢迎信息，否则导航到登录页面。test3_2.php 代码如下。

```php
<?php
    //读取 Cookie 数据
    if(isset($_COOKIE['username']) and $_COOKIE['isloged']=='TRUE'){
        echo '欢迎',$_COOKIE['username'],'，你已成功登录！';
    } else {
        //如果 Cookie 中没有登录信息，则自动跳转到登录页面
        echo '<script>window.location ="test3.php";</script>';
}
```

首次打开 test3.php 时，显示图 7.6 所示的登录表单。输入用户名和密码后，提交数据，调用脚本本身处理上传的数据。本例中只是通过测试密码是否为 123456 来判断登录是否正确，在实际应用中，可实现更复杂的处理。若密码有误，表单下方显示错误提示信息，如图 7.7 所示。

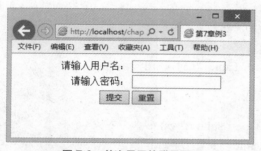

图 7.6　首次显示的登录页面

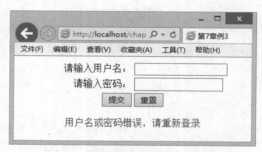

图 7.7　有错误提示信息的登录页面

若登录密码正确，则自动跳转到 test3_2.php，在页面中显示用户名和欢迎信息，如图 7.8 所示。

图 7.8　正确登录直接显示欢迎信息

2．使用 Session

Session 用于在服务器端以保存用户的"会话"状态。一位用户从访问网站的第一个网页开始到离开网站，可称为一个会话。PHP 可为每个会话创建一个唯一的 Session ID。Session ID 可以在用户访问的网页之间传递，以识别会话。每个会话有一个对应的全局数组变量

$_SESSION，可在其中保存会话的定制数据，如可保存用户登录状态，如果用户未登录，则自动导航到登录页面。

与 Cookie 不同，当用户离开网站时，其 Session 自动被删除。下面分别对 PHP.INI 文件中有关 Session 的主要设置进行介绍。

- session.save_path = "D:\php5\sessions"：PHP 使用文件保存 Session 数据，该设置指定保存 Session 文件的路径。
- session.use_cookies = 1：设置使用 Cookie 来传递 Session ID。
- session.use_only_cookies = 1：设置只使用 Cookie 来传递 Session ID，禁止使用 URL 传递。
- session.auto_start = 1：设置用户访问网站时自动启动 Session。如果设置为 0，则需要在用户访问的每个网页中调用 session_start()函数启动 Session。

例 7.4 使用 Session 保存用户登录状态。（源代码：\chapter7\test4.php、test4_2.php）

本例用 Session 来实现例 7.3 中的相同功能，区别只在用$_SESSION 保存用户登录信息。test4.php 实现登录表单，代码如下。

```
<html>
<head>
    <title>第 7 章例 7.4</title>
    <meta charset="UTF-8">
    <meta name="viewport" content="width=device-width, initial-scale=1.0">
</head>
<body>
<?php
    //读取 Session 数据，若 username 存在和登录标记为 TRUE，则显示欢迎信息，不再显
        示登录表单
    if(isset($_SESSION['username']) and $_SESSION['isloged']=='TRUE'){
        echo '欢迎',$_SESSION['username'],'，你已成功登录！';
        exit;
    }
    if(count($_POST)==0 or $_POST['password']<>'123456'){
    //未登录时，显示登录页面，下面的表单在 if 条件为 TRUE 时显示
    //count($_POST)==0 表示位执行过登录操作，无登录数据存在
    //$_POST['password']<>'123456'是假设正确的密码为 123456，密码不正确也显示登录表单
?>
    <form action="test4.php" method="post">
        <table border="0" width="100%">
            <col width="50%" /><col width="50%" />
            <tr>
                <td align="right">请输入用户名：</td>
                <td><input type="text" name="username" /></td>
            </tr>
            <tr>
```

```
                    <td align="right">请输入密码: </td>
                    <td><input type="password" name="password" /></td>
                </tr>
                <tr>
                    <td align="right"><input type="submit" value="提交" /></td>
                    <td><input type="reset" value="重置" /></td>
                </tr>
            </table>
        </form>
    <?php
        if(count($_POST)<>0)
            //该 if 语句嵌套在登录表单显示部分,在重新显示页面时,显示附加的错误
              提示信息
            echo '<div align="center"><font color="red">'
            .'用户名或密码错误,请重新登录</font></div>';
        }else{
            //登录成功,设置$_SESSION
            $_SESSION['username']=$_POST['username'];
            $_SESSION['isloged']='TRUE';
            echo '<script>window.location ="test4_2.php";</script>';
        }
    ?>
</body>
</html>
```

test4_2.php 代码如下。

```
<?php
    //读取$_SESSION 数据
    if(isset($_SESSION['username']) and $_SESSION['isloged']=='TRUE'){
        echo '欢迎',$_SESSION['username'],', 你已成功登录! ';
    } else {
        //echo '<script>window.location ="test4.php";</script>';
        echo '$_sseion 无效';
    }
```

本例运行效果与例 7.3 完全相同。

 提示:

在 PHP 中,Session ID 通过 Cookie 或者 URL 参数进行传递。在使用 Cookie 方式时应特别注意: Cookie 由浏览器控制,如果浏览器禁用了 Cookie,则脚本中的 Cookie 操作将失效,基于 Cookie 的 Session 也会失效。

7.2.4 AJAX

AJAX 是 Asynchronous JavaScript And XML 的缩写，即异步 JavaScript 和 XML。不使用 AJAX，若要更新网页内容，必须重新从服务器加载整个网页；使用 AJAX，可以异步在后台与服务器进行数据交换，并使用服务器响应来更新部分网页。

AJAX 使用 JavaScript 的 XMLHttpRequest 对象与服务器交互，所以使用 AJAX 处理网页请求主要包含创建 XMLHttpRequest 对象、发送请求、处理响应等。下面分别进行介绍。

1．创建 XMLHttpRequest 对象

不同浏览器，创建 XMLHttpRequest 对象的方法略有不同。而有些代码基本上可兼容各种浏览器来创建 XMLHttpRequest 对象，其代码如下。

```
try {//用各种方法尝试创建 XMLHttpRequest 对象
    //尝试使用 Msxml2.XMLHTTP 创建 XMLHttpRequest 对象
    xmlhttp = new ActiveXObject("Msxml2.XMLHTTP");
} catch(e){
try {
    //尝试使用 Microsoft.XMLHTTP 创建 XMLHttpRequest 对象
    xmlhttp = new ActiveXObject("Microsoft.XMLHTTP");
}catch(e){xmlhttp = false;}
}
if (!xmlhttp && typeof XMLHttpRequest != 'undefined'){
    //若前面的方法不成功，则使用下面的语句创建 XMLHttpRequest 对象
    xmlhttp = new XMLHttpRequest();
}
```

2．发送请求

正确创建 XMLHttpRequest 对象后，便可向服务器发送异步处理请求，主要包括获取网页数据建立请求 URL、设置响应处理函数、打开服务器连接和发送请求等。

（1）获取网页数据建立请求 URL

XMLHttpRequest 对象请求的服务器 URL 通常包含网页数据。AJAX 的核心技术一个是使用 XMLHttpRequest 对象与服务器交互，另一个就是使用 DOM 读取或修改网页中各个标记的内容。例如：

```
var str= document.getElementById("data").value;
```

document 是 Javascript 内置对象，getElementById()方法按照 HTML 标记的 ID 搜索标记。获得网页数据后，可将其作为参数来构建 URL 字符串。例如：

```
var url="test5.php?data="+str;
```

（2）设置响应处理函数

XMLHttpRequest 对象的 onreadystatechange 属性应设置为对象状态变化时调用的函数名称。例如：

```
xmlhttp.onreadystatechange=getresult;          //设置响应处理函数
```

（3）打开服务器连接

在发送请求之前，应先打开服务器连接。例如：

```
xmlhttp.open("get",url,true);
```

open()方法的第 1 个参数为请求方式，可以是 GET 或者 POST。第 2 个参数为接收请求的服务器处理脚本的 URL。第 3 个参数 TRUE 表示采用异步方式与服务器（体现了 AJAX 异步处理特点），也可将其设置为 FALSE。采用异步方式时，在调用 send()方法发送请求后，可以在网页中执行其他操作，否则会等待服务器响应。

（4）发送请求

一切就绪，最后使用 send()方法发送请求。例如：

```
xmlhttp.send();
```

3．处理响应

XMLHttpRequest 对象状态发生变化时，会调用 onreadystatechange 属性中函数，该函数处理返回的响应。处理函数典型代码如下：

```
if (xmlhttp.readyState===4 && xmlhttp.status==200){
    document.getElementById("newsout").innerText=xmlhttp.responseText;
}
```

XMLHttpRequest 对象的 readyState 属性为 4，表示响应解析完成，可以调用。Status 属性为 200，表示一切正常，没有错误发生。例如：

```
document.getElementById("newsout").innerText=xmlhttp.responseText;
```

将 ID 为 newsout 的 HTML 标记内部文本修改为 XMLHttpRequest 对象的响应文本。如果响应文本中包含了 HTML 标记，innerText 属性可以保证 HTML 标记原样显示。如果要让浏览器处理返回的 HTML 标记，应使用 innerHTML 属性。例如：

```
document.getElementById("newsout").innerHTML=xmlhttp.responseText;
```

 提示：

XMLHttpRequest 对象的 responseText 属性将服务器响应作为字符串返回，还可使用 responseXML 属性将其封装为 XML 对象的响应结果。

4．AJAX 实例

本例通过一个完整实例说明如何使用 AJAX 动态修改网页内容。

例 7.5　根据用户输入动态显示响应提示。（源代码：\chapter7\test5.html、test5.php）

test5.html 包含一个文本框，当用户在数据时，可同步显示输入的数据是否已经存在。代码如下。

```
<html>
    <head>
        <title>AJAX 实例</title>
        <meta charset="UTF-8">
        <meta name="viewport" content="width=device-width, initial-scale=1.0">
    </head>


    <body>
    <script type="text/javascript">
        var xmlhttp;
```

```
function checkuser(){
    var str= document.getElementById("data").value; //获得文本框输入数据
    var url="test5.php?data="+str;              //构造请求 URL 字符串
    if (str.length===0){//如果没有输入，不显示任何内容，也不向服务器请求
        document.getElementById("newsout").innerHTML="";
        return;
    }
    //用各种方法尝试创建 XMLHttpRequest 对象
    try {
        xmlhttp = new ActiveXObject("Msxml2.XMLHTTP");
    } catch(e){
    try {
        xmlhttp = new ActiveXObject("Microsoft.XMLHTTP");
    }catch(e){xmlhttp = false;}
    }
    if (!xmlhttp && typeof XMLHttpRequest != 'undefined'){
        //若前面的方法不成功，则使用下面的语句创建 XMLHttpRequest 对象
        xmlhttp = new XMLHttpRequest();
    }
    xmlhttp.onreadystatechange=getresult;   //设置响应处理函数
    xmlhttp.open("get",url,true);           //打开服务器连接
    xmlhttp.send();                         //发送请求
}
function getresult(){
    if (xmlhttp.readyState===4 && xmlhttp.status===200){
        //成功返回服务器响应，将响应内容显示到网页中
        document.getElementById("newsout").innerHTML=xmlhttp.responseText;
    }
}
</script>
请输入数据：<input id="data" type="text" name="data" onkeyup="checkuser()"/>
<div id="newsout"></div>
</body>
</html>
```

    test5.html 在文本框的 onkeyup(在输入时释放按下的键)事件中调用 checkuser()函数。checkuser()函数负责创建 XMLHttpRequest 对象向服务器发送处理请求，请求结果显示在 id 为 newsout 的<div>标记中。XMLHttpRequest 对象请求了服务器中的 test5.php 来处理请求。

    test5.php 在一个数组中预设了一组数据，然后在该数组中搜索客户端的请求字符串，根据检测结果返回不同的响应，代码如下。

```php
<?php
    $data=$_GET['data'];
    $users=array('china','php','cpp','admin','mike','yu2b');
    if(in_array($data,$users))
        echo "<font color=red>你输入的数据<i>$data</i>已存在</font>";
    else
        echo "<font color=red>你输入的数据<i>$data</i>不存在</font>";
```

本例代码在 IE 浏览器中的显示结果如图 7.9 所示。

图 7.9　根据用户输入显示不同提示

7.3　项目实现

为实现图 7.1 所示结果，可做如下分析。

（1）商品展示页面中包含一个商品种类下拉列表框。当选择不同种类时，触发下拉列表框的 onchange 事件，调用自定义函数使用 XMLHttpRequest 对象将商品种类发送给服务器端处理程序。处理程序返回的内容显示在页面下方。

（2）服务器端处理程序首先在数组中预设商品信息，根据接收到的商品类型参数，从数组中取出商品信息，构成表格返回客户端。

实例代码：

商品展示页面由 index.html 实现，代码如下。

```html
<html>
    <head>
        <title>动态商品展示</title>
        <meta charset="UTF-8">
        <meta name="viewport" content="width=device-width, initial-scale=1.0">
    </head>
    <body>
    <script type="text/javascript">
        var xmlhttp;
        function showlist(){
            var str= document.getElementById("gtype").value; //获得文本框输入数据
            var url="getlist.php?gtype="+str;                 //构造请求 URL 字符串
            //用各种方法尝试创建 XMLHttpRequest 对象
            try {
                xmlhttp = new ActiveXObject("Msxml2.XMLHTTP");
```

```
        } catch(e){
            try {
                xmlhttp = new ActiveXObject("Microsoft.XMLHTTP");
            }catch(e){xmlhttp = false;}
            }
            if (!xmlhttp && typeof XMLHttpRequest != 'undefined'){
                //若前面的方法不成功，则使用下面的语句创建 XMLHttpRequest 对象
                xmlhttp = new XMLHttpRequest();
            }
            xmlhttp.onreadystatechange=getresult;//设置响应处理函数
            xmlhttp.open("get",url,true);          //打开服务器连接
            xmlhttp.send();                        //发送请求
        }
        function getresult(){
            if (xmlhttp.readyState===4 && xmlhttp.status===200){
                //成功返回服务器响应，将响应内容显示到网页中
                var outhtm="<hr>"+xmlhttp.responseText;
                document.getElementById("goodslist").innerHTML=outhtm;
            }
        }
    </script>
    <form>
    请选择商品种类：<select id='gtype' onchange="showlist()">
        <option></option>
        <option value="book">计算机编程图书</option>
        <option value="digital">电脑办公</option>
    </select>
    </form>
    <div id="goodslist"></div>
    </body>
</html>
```

服务器端处理程序由 getlist.php 实现，代码如下。

```
<?php
//初始化商品信息
$goods['book']=array();
$t1='JavaScript 高级程序设计（第 3 版）[Professional JavaScript for Web Developers 3rd Edition]';
$t2='Python 基础教程（第 2 版 修订版）';
$goods['book']['title']=array($t1,$t2);
$t1='JavaScript 技术名著,国内 JavasScript 一书,销量超过 8 万册<br>[美] Nicholas C.Zakas
```

著；李松峰，曹力译
售价：￥69.80 [7.1 折] [定价：￥99.00] ';

　　$t2='Python 入门首选!
[挪] Magnus Lie Hetland 著；司维，曾军崴，谭颖华 译
售价：￥55.70 [7.1 折] [定价：￥79.00]';

　　$goods['book']['brief']=array($t1,$t2);

　　$t1='Apple iPad mini 2 ME279CH/A 配备 Retina 显示屏 7.9 英寸平板电脑（16G WLAN 机型）银色';

　　$t2='金士顿(Kingston)V300 120G SATA3 固态硬盘';

　　$goods['digital']['title']=array($t1,$t2);

　　$t1='iPad mini 2 配备高分辨率 Retina 显示屏,轻盈小巧一手即可掌握!
售价：￥2198.00';

　　$t2='超高性价比,精选 MLC 颗粒,高速.稳定,为您带来超长使用寿命【组装电脑主机,游戏主机配件推荐】
售价：￥339.00';

　　$goods['digital']['brief']=array($t1,$t2);

　　$data=$_GET['gtype'];//获取产品类型

　　$out='<table border="0"';

　　$gn=count($goods['digital']['title']);

　　for($n=0;$n<$gn;$n++){

　　　　$out.='<tr><td><img src="".$data.($n+1).'.jpg" width="100" height="100"/></td>';

　　　　$out.='<td><h3>'.$goods[$data]['title'][$n] .'</h3>'.$goods[$data]['brief'][$n].'</td></tr>';

　　}

　　$out.='</table>';

　　echo $out;

7.4 巩固练习

1．选择题

（1）下列说法不正确的是（　　　　）。

　　A．GET 方式向服务器提交的数据保存在$_GET 中

　　B．POST 方式向服务器提交的数据保存在$_POST 中

　　C．Cookie 方式向服务器提交的数据保存在$_COOKIE 中

　　D．$_REQUEST 包含了$_GET、$_POST 和$_COOKIE 中的数据

（2）在浏览器地址栏中输入带参数的 URL 的数据提交方法是（　　　　）。

　　A．get;　　　　　　　　　　　　　　　B．post

　　C．cookie;　　　　　　　　　　　　　　D．session

（3）下列说法正确的是（　　　　）。

　　A．GET 方式是指在浏览器地址栏中输入数据

　　B．POST 方式是指通过 HTML 表单提交数据的方式

　　C．在表单中可同时使用 get 和 post 方式提交数据

　　D．上述说明均不正确

（4）下列说法不正确的是（　　　　）。

A. 所有浏览器均支持 XMLHttpRequest 对象，创建方法也相同

B. 服务器端响应处理函数应设置为 XMLHttpRequest 对象的 onreadystatechange 属性值

C. XMLHttpRequest 对象可使用 get 或 post 方式向服务器提交数据

D. 在使用 send() 方法发送请求之前，应先使用 open() 方法打开服务器连接

（5）下列说法正确的是（　　　　）。

A. Cookie 在客户端创建并保存在客户端 Cookie 文件中

B. Session 在服务器端创建并保存在服务器端 Session 文件中

C. Cookie 若未设置过期时间，则可永久有效

D. Session 和 Cookie 作用类似，可以替换使用

2．编程题

（1）设计一个 PHP 文件。实现在浏览器中输出 URL 方式时，可以输出 URL 中包含的多个参数值，输出时每个参数值占一行。

（2）设计一个 HTML 表单。要求使用文本框、单选按钮、复选框等控件。提交表单时，提交的数据直接显示在表单下方（不使用 AJAX）。

（3）使用 AJAX 实现：用户在网页文本框中输入一个整数 n 时，在页面下方显示 n 个 100 以内的随机数。如果输入不是整数，显示错误提示信息。

PART 8 项目八 数据库版计数器

无论是桌面应用程序还是 Web 应用程序，几乎处处可见数据库的身影。数据库已成为绝大多数应用程序作为后台数据存储的首选。从 PHP 5.1 开始，PHP 使用 PDO 代替了较早的数据库访问技术，使得数据库操作更加简单快捷。尽管从 PHP 5.6 开始，PHP 已将内置的 MySQL 数据库改为内置支持 SQLite 数据库，但 MySQL 仍是目前使用最为广泛的数据库，所以本章将重点介绍如何使用 PDO 操作 MySQL 数据库。

项目要点

- 在 NetBeans 中操作 MySQL 数据库
- PHP 数据库操作

具体要求

- 了解关系数据库
- 掌握如何在 NetBeans 中创建 MySQL 数据库和表
- 掌握如何在 NetBeans 中操作数据库
- 掌握使用 PDO 创建数据库和表
- 掌握使用 PDO 添加、删除、修改和查询记录

8.1 项目目标

制作数据库版计数器并在其中显示包含网站访问量的欢迎信息，如图 8.1 所示。（源代码：\chapter8\example.php）

图 8.1 网站计数器

8.2 相关知识

8.2.1 认识数据库

在开始操作数据库之前，先简单认识关系数据，并了解如何在 NetBeans 中操作 MySQL 数据库。

1．认识关系数据库

目前常用数据库基本上都是关系数据库如 MySQL、Microsoft SQL Server、Microsoft Access、Microsoft Visual FoxPro、Oracle、Sybase 等，下面对关系数据库的数据模型、基本概念进行介绍。

（1）数据模型

数据模型指数据库的结构，有 4 种常见的数据模型：层次模型、网状模型、关系模型和面向对象模型。

① 层次模型

层次模型采用树状结构表示数据之间的联系，树的节点称为记录，记录之间只有简单的层次关系。层次模型具有的特点有：有且只有一个节点没有父节点，该节点称为根节点；其他节点有且只有一个父节点。

② 网状模型

网状模型是层次模型的扩展，下面对其特点分别进行介绍。

- 可以有任意多个节点没有父节点。
- 一个节点允许有多个父节点。
- 两个节点之间可以有两种或两种以上联系。

③ 关系模型

关系模型用二维表格表示数据及数据联系，是应用最为广泛的数据模型。目前，各种主流数据库都属于关系模型数据库管理系统。

④ 面向对象模型

面向对象模型是在面向对象技术基础上发展起来一种的数据模型，它采用面向对象的方法来设计数据库。面向对象模型的数据库的存储对象为单位，每个对象包含对象的属性和方法，具有类和继承等特点。

（2）关系数据库基本概念

下面对关系数据库的基本概念分别进行介绍。

- 关系：和数据之间的联系称为关系。
- 表：关系数据库使用二维表来表示和存储关系。表中的行称为记录，列称为字段。一个数据库可以包含多个表。
- 记录与字段：表中的一行称为一个记录。表中的列为记录中的数据项，称为字段。字段也称为属性。每个记录可以包含多个字段。不同记录包含相同的字段。例如，学生成绩表中的每个记录包含姓名、学号、英语、物理和化学等字段。关系数据库不允许在一个表中出现重复的记录。
- 关键字：可以唯一标识一个记录的字段或字段组合称为关键字。一个表可有多个字段或字段组合标识记录。其中用于标识记录的关键字称为主关键字，一个表只允许有一个主关键字。例如，学生成绩表中的学号可以唯一标识一个学生，学号字段可作为主关键字。

● 外部关键字：如果一个表中的字段或字段组合作为其他表的主关键字，这样的字段或字段组合称为外部关键字。

（3）关系数据库基本特点

关系数据库具有下列 5 项特点，下面分别进行介绍。

● 关系数据库表是二维表，表中的字段必须是一个整体，不允许出现表中表。

● 在同一个表中不允许出现重复的记录。

● 在同一个记录中不允许出现重复的字段。

● 表中记录先后顺序不影响数据的性质，可以交换记录顺序。

● 记录中字段的顺序不影响数据，可以交换字段的顺序。

2. 在 NetBeans 中操作 MySQL 数据库

在 NetBeans 中可直接操作 MySQL 数据库，主要操作分别如下。

提示：

MySQL 数据库的安装、启动、停止等操作请参考第 1.2.3 节。

（1）注册 MySQL 服务器

要在 NetBeans 中操作 MySQL 数据库，首先应注册 MySQL 服务器，其具体操作如下。

① 选择"窗口/服务"命令，打开服务窗口。

② 在服务窗口的"数据库"选项上单击鼠标右键，在弹出的快捷菜单中选择"注册 MySQL 服务器"命令，打开"MySQL 服务器属性"对话框，如图 8.2 所示。

图 8.2 打开"MySQL 服务器属性"对话框

③ NetBeans 可自动检测到已安装的 MySQL 服务器。通常只需要输入管理员 root 的口令即可。也可选中☑记住口令(M)复选框，以后再次访问 NetBeans 中 MySQL 服务器即可无需输入口令。

④ "MySQL 服务器属性"设置窗口中的基本属性只用于访问服务器数据库。还可在"管理属性"选项卡中设置管理属性，这样可在 NetBeans 中启动和停止 MySQL 服务器以及打开服务器管理工具。如图 8.3 所示。管理属性包括 MySQL 服务器管理工具、启动命令和停止命令。也可单击 浏览(R)... 按钮在打开的对话框选择路径。

图 8.3 设置 MySQL 服务器管理属性

⑤ 最后单击 确定 按钮关闭对话框。

在 NetBeans 的服务窗口中展开"数据库"可看到已注册的 MySQL 服务器。图 8.4 显示了 MySQL 服务器节点中包含的各个数据库和 MySQL 服务器右键快捷菜单,在其上单击鼠标右键,在弹出的快捷菜单中可对其进行创建、停止、断开连接等操作。

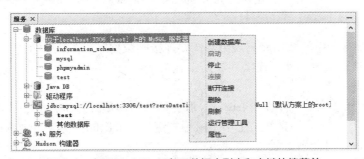

图 8.4 查看 MySQL 服务器数据库列表和右键快捷菜单

下面对 MySQL 服务器右键快捷菜单各个命令含义分别进行介绍。

- 创建数据库:创建新的数据库。
- 启动:启动 MySQL 服务器。
- 停止:停止 MySQL 服务器。
- 连接:连接到 MySQL 服务器。连接到 MySQL 服务器后,才能在 NetBeans 服务器窗口中查看服务器中包含的数据库。
- 断开连接:断开 MySQL 服务器连接。
- 删除:在 NetBeans 中删除 MySQL 服务器注册信息。
- 刷新:刷新连接,显示最新数据库列表。
- 运行管理工具:运行在服务器属性对话框中设置的管理工具。
- 属性:打开 MySQL 服务器属性对话框,修改注册属性。

(2)创建 MySQL 数据库

用鼠标右键单击 MySQL 服务器服务器连接,在弹出的快捷菜单中选择"创建数据库"命令,打开"创建 MySQL 数据库"对话框,如图 8.5 所示。

图 8.5 创建 MySQL 数据库

在"创建 MySQL 数据库"对话框的"新建数据库名称"文本框中输入新数据库名称,如 phptest,单击 [确定] 按钮关闭对话框。NetBeans 将数据库创建命令提交给 MySQL 服务器。成功创建数据库后,NetBeans 可自动连接到数据库,并在服务器窗口中显示该连接,如图 8.6 所示。该图上半部分显示了 MySQL 服务器中的数据库列表,新建的 phptest 数据也出现在其中;下半部分显示了展开的 phptest 数据库连接。数据库中的表、视图和过程等对象按文件夹分类显示。

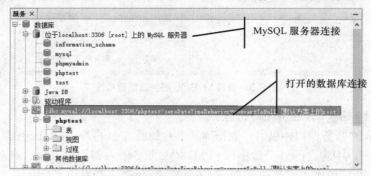

图 8.6　服务器窗口中的 MySQL

（3）连接到数据库

在 MySQL 服务器中的数据库列表中选择要连接的数据库,单击鼠标右键,在弹出的快捷菜单中选择"连接"命令,即可连接到数据库。

（4）创建数据库表

连接到 MySQL 数据库后,在 NetBeans 服务器窗口中展开连接,显示数据库中各个文件夹,如图 8.5 所示。在"表"文件夹上单击鼠标右键,在弹出的快捷菜单中选择"创建表"命令,打开"创建表"对话框,如图 8.7 所示。

图 8.7　创建表

首先在对话框最上方的"表名"文本框中输入新建表的名称,如 user。然后单击右侧的 [添加列(D)] 按钮,打开"添加列"对话框,如图 8.8 所示。

在"添加列"对话框中可设置新建列的名称、类型、大小、比例、默认值、约束等各种属性。设置好各种属性后,单击 [确定] 按钮将列添加到创建表对话框中。

添加完需要的列后,单击 [确定] 按钮关闭创建表对话框,确认创建表。成功创建表后,新建表会出现在服务器窗口数据库连接的"表"文件夹中。

（5）查看表数据

在服务器窗口数据库连接的"表"文件夹中,选择

图 8.8　为表添加列

需要查看的表，并在其上单击鼠标右键，在弹出的快捷菜单中选择"查看数据"命令，打开 SQL 命令编辑窗口和数据网格，如图 8.9 所示。

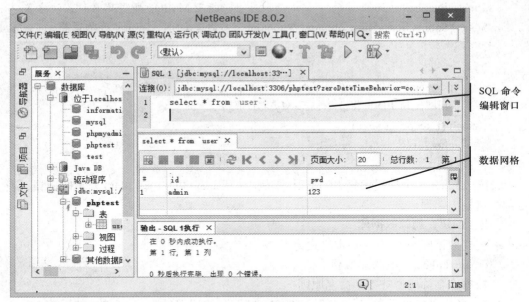

图 8.9　查看表数据

在 SQL 命令编辑窗口中显示了检索数据的 select 命令，可修改命令显示不同的数据。在右侧中部的数据网格中显示了表中已有的数据。双击记录字段可进入字段编辑状态，修改字段数据。

若要删除记录，可选择需要删除的记录，然后单击数据网格工具栏中的▓按钮。若要添加记录，可单击数据网格工具栏中的▓按钮，打开"插入记录"对话框添加新记录。

8.2.2　PHP 数据库操作

PHP 5.1 可使用轻量级的统一接口 PDO（PHP Data Object，PHP 数据对象）来访问各种常见的数据库。而使用 PDO 只需要指定不同的 DSN（数据源名称）即可访问不同的数据库。

在 Windows 中要使用 PHP 访问 MySQL 数据库，首先需要在 php.ini 文件中启用设置，下面对这些设置分别进行介绍。

- extension_dir = "D:\php5\ext"：设置 PHP 扩展函数库路径 PDO 及 MySQL 数据库等扩展函数库默认在 PHP 安装目录下的.ext 目录中。要使用扩展函数库，首先应正确设置扩展函数库路径。
- extension=php_pdo.dll：启用 PDO 扩展库。
- extension=php_pdo_mysql.dll：启用 MySQL 扩展库。

1．连接服务器

创建 PDO 对象即建立与 MySQL 服务器的连接。例如：

```php
<?php
$dbms='mysql';                          //指定连接的数据库驱动名称
$dbname='phptest';                      //指定要连接的数据库
```

```
$username='root';                                //指定连接使用的用户名称
$passwd='root';                                  //指定连接用户的密码
$host='localhost:3306';                          //指定 MySQL 服务器名称，注意端口号
$dsn="$dbms:host=$host;dbname=$dbname"; //构造 DSN，$dbms 后是冒号，其他参数间是
                                                           分号
try {
    $pdo=new PDO($dsn, $username, $passwd);    //创建 PDO 对象，建立服务器连接
    echo "使用 PDO 成功连接至 MySQL 服务器<br>";
} catch (Exception $exc) {
    echo $exc->getMessage();
}
```

try…catch 用于捕捉代码中的错误。本例中如果 new PDO()在 PDO 对象时出错，则在 catch 部分可输出错误信息。

2. 创建、删除数据库

创建数据库 SQL 命令基本格式为

create database 数据库名称

数据库名称应遵守下列命名原则：

- 名称可包含任意字母、阿拉伯数字、""和"$"符号，不能单独使用数字。
- 名称最长 64 个字符，数据库别名最多 256 个字符。
- 在 Windows 系统中，数据库名称和表名不区分大小写。
- 不能使用 MySQL 关键字作为数据库名、表名。
- 不能与其他数据库重名，否则会出错。

删除数据库 SQL 命令基本格式为

drop database 数据库名称

下面的代码使用 PDO 连接到 MySQL 服务器，并创建一个数据库，然后将其删除。

```
<?php
$dbms='mysql';
$username='root';
$passwd='root';
$host='localhost:3306';
$dsn="$dbms:host=$host";                //连接到服务器创建和删除数据库,所以不需要指定连接
的数据库
try {
    $pdo=new PDO($dsn, $username, $passwd);
    echo "使用 PDO 成功连接至 MySQL 服务器<br>";
    $n=$pdo->exec('create database testdb');
    echo "$n 成功创建数据库<br>";
    $n=$pdo->exec('drop database testdb');
    echo "$n 成功删除数据库<br>";
} catch (Exception $exc) {
```

```
        echo $exc->getMessage();
    }
```

代码中调用了 PDO 对象的 exec()方法执行 SQL 命令，返回一个整数值。若连接到特定数据库，则可执行 insert（添加记录）、delete（删除记录）和 update（修改记录）等命令。

3. 创建数据库表

创建数据库表使用 "create table" 命令，其基本格式为

CREATE [TEMPORARY] TABLE [IF NOT EXISTS] 表名(列名 列属性,…)

命令不区分大小写，通常习惯用大写表示 MySQL 命令关键字，小写表示自定义值，括号表示可选选项。其中，TEMPORARY 表示创建临时表，临时表在数据库关闭连接时自动删除。IF NOT EXISTS 表示若存在同名的表，则不执行创建表命令，避免出错。

默认情况下，create table 命令在当前数据库中创建表。在创建 PDO 对象时，DSN 字符串中 dbname 参数指定当前数据库名称。若未指定当前数据库，则应在表名前加数据库名称进行限定。如 phptest.newtable，表示属于 phptest 数据库的 newtablle 表。

表名之后的括号中指定表包含的一个或多个列，列属性基本格式为

数据类型 [NOT NULL | NULL] [DEFAULT 默认值] [AUTO_INCREMENT] [UNIQUE [KEY] | [PRIMARY] KEY]

其中，NOT NULL 表示不允许取空值，NULL 表示允许取空值。DEFAULT 设置默认值。AUTO_INCREMENT 表示创建自动增量列，整数或浮点数列可设置为自动增量。自动增量列不需要设置值，其值自动从 0 开始，每增加一个列，列值自动加 1。UNIQUE KEY 表示创建唯一键，PRIMARY KEY 表示创建主键，主键用于识别记录，应为每个表定义一个主键列。例如：

CREATE TABLE IF NOT EXISTS test(id INT AUTO_INCREMENT KEY,data VARCHAR(8))

该 sql 命令表示在当前数据库中创建名为 test 的表，test 有两个列 id 和 data。id 列为 INT 类型，自动增量，作为表主键。data 列为 VARCHAR 类型，长度为 8。

 提示：

本书重点讲解 PHP, MySQL 各种命令的完整语法可参考官方最新在线文档：http://dev.mysql.com/doc/refman/5.7/en/sql-syntax.html，或参考 MySQL 中文站点：http://doc.mysql.cn/。

4. 添加记录

添加记录使用 insert 命令，其基本格式为

INSERT INTO 表名(列名1，列名2，…) VALUES(value1，value2，…)

添加记录时，指定的列名与 VALUES 中的值一一对应。列名可省略，省略列名时，VALUES 部分指定的值按照表中列的顺序一一对应。

例如：下面两条命令相同。

INSERT INTO test(id,data) VALUES(0,'abcd')
INSERT INTO test VALUES(NULL,'abcd')

test 表只有 id 和 data 两个列，所以以列名列表可省略。id 列为自动增量，在添加记录时用 0 或者 NULL 代表列值，服务器自动计算其值。

标准 SQL 语句一次只能添加一条记录，而 MySQL 允许一次添加多条记录。VALUES 后用逗号分隔多个括号，每组括号中为一条记录。例如：

INSERT INTO test VALUES(NULL,'abcd'), (NULL,'defgh')

5．删除记录

删除记录使用 delete 命令，其基本格式为

DELETE FROM 表名 WHERE 条件

删除满足条件的记录。如果未用 WHERE 关键字指明条件，则删除表中的全部记录。下面的命令删除 test 表中 data 列包含 "ab" 的记录。

DELETE FROM test WHERE data LIKE '%ab%'

6．修改记录

修改记录使用 update 命令，其基本格式为

UPDATE 表名 SET 列名 1=值 1,列名 2=值 2…WHERE 条件

修改满足条件的列的值。如果未指定条件，则修改全部记录。下面的命令将 test 表中 data 列以 "ab" 开头的值修改为 "abcd"。

UPDATE test SET data='abcd' WHERE data LIKE 'ab%'

7．记录查询

记录查询使用 select 命令，其基本格式为

SELECT 字段列表
FROM 表名
WHERE 条件
ORDER BY 列名 [ASC|DESC]

其中，字段列表可用 "*" 查询全部记录，或者用逗号分隔要在查询结果中包含的列名。FROM 表示指定数据来源表，多个表用逗号分隔。WHERE 指定筛选条件，满足条件的记录包含在查询结果中。ORDER BY 指定查询结果排序列，ASC 表示升序（默认值），DESC 表示降序。

例如：

SELECT * FROM TEST WHERE data LIKE '%ab%' ORDER BY id DESC

PDO 对象可使用 query()方法执行查询。或者用 PDO 对象的 prepare()方法准备一个 PDOStatement 对象，然后用 PDOStatement 对象的 execute()方法执行查询。

（1）使用 query()方法执行查询

query()方法基本格式为

$querystr="select * from test";
$pds=$pdo->query($querystr);

query()方法参数为一个查询字符串，查询执行成功返回包含查询结果集的 PDOStatement 对象，若失败则返回 FALSE。

提示：

若查询结果集中记录没有读取完，试图再次执行 query()方法将会出错。此时，可在再次执行 query()方法前，调用 PDOStatement 的 closeCursor()方法释放 PDOStatement 对象关联的

数据库资源。

（2）使用预处理查询

如果一个查询需要多次执行，则可使用 PDO 对象的 prepare()方法预先提交查询，服务器准备一个预处理查询语句。然后可多次调用 PDOStatement 对象的 execute()方法执行查询。

prepare()方法基本格式为

```
$pds=$pdo->prepare($querystr);
```

prepare()方法向服务器提交查询字符，服务器准备预处理语句，如果准备语句成功，则返回一个 PDOStatement 对象，若失败，则返回 FALSE 或者抛出 PDOException 异常。

```
$pds=$pdo->prepare("select * from test");
```

准备好语句后，调用 execute()方法执行查询。例如：

```
$b=$pds-> execute();
```

（3）使用带参数的预处理查询

在预处理查询过程中可对其参数进行设置，分别是使用问号参数、使用命名参数和将参数绑定到变量（:参数名，以冒号开始的参数名）3 种方式设置参数。

① 使用问号参数

例如：

```
$pds=$pdo->prepare("select * from test where id>? and data like ?");
$pds->execute(array(2,"php%"));
```

在 execute()方法中，用数组指明参数，数组元素与参数按顺序一一对应。

② 使用命名参数

例如：

```
$pds=$pdo->prepare("select * from test where id>:id and data like :filter");
$pds->execute(array(':id'=>2,':filter'=>"C%"));
```

在 execute()方法中，用查询参数名称作为参数数组的键。因为是命名参数，所以参数数组各个元素的先后顺序可与查询中参数的先后顺序不同。

③ 将参数绑定到变量

可以将参数绑定到变量，变量的值作为参数值。例如：

```
$pds=$pdo->prepare("select * from test where id>:id and data like :filter");
$id=2;
$filter="c%";
$pds->bindParam(':id',$id,PDO::PARAM_INT);          //绑定参数到变量
$pds->bindParam(':filter',$filter,PDO::PARAM_STR,8); //绑定参数到变量
$pds->execute();
```

将参数绑定到变量后，改变变量的值即可获得不同的查询结果。

如果参数不是命名参数，在绑定时，可使用 1 开始的整数表示对应参数。例如：

```
$pds=$pdo->prepare("select * from test where id>? and data like ?");
$id=2;
$filter="c%";
$pds->bindParam(1,$id,PDO::PARAM_INT);
$pds->bindParam(2,$filter,PDO::PARAM_STR,8);
```

```
$pds->execute();
```

8．处理查询结果集

不管用 query()方法还是 execute()方法执行查询操作，查询结果都保存在 PDOStatement 对象中。可用 PDOStatement 对象的 fetch()、fetchAll()或 fetchColumn()方法从查询结果中集中读取数据。

（1）使用 fetch()方法读取查询结果

fetch()方法返回一个包含查询结果集下一条记录的数据，已无记录时返回 FALSE。其基本格式为

```
$row=$pds->fetch($fetch_style);
```

参数$fetch_style 指定生成数组元素下标的方式，可用不同的 PDO 常量表示，下面分别对这些常量进行介绍。

- PDO::FETCH_NUM：用 0 开始的整数作为数组元素下标。
- PDO::FETCH_ASSOC：用列名作为数组元素下标。
- PDO::FETCH_BOTH：默认值，既有整数下标，也有列名下标。

例如：

```
$row=$pds->fetch(PDO::FETCH_NUM);        //返回的数组形如：Array([0]=>3,[1]=>PHP
                                                       book)
$row=$pds->fetch(PDO::FETCH_ASSOC);      //返回的数组形如：Array([id] =>3,[data]=
                                                        >PHP book)
$row=$pds->fetch();    //返回的数组形如：Array([id] =>3,[0] =>3,[data]=>PHP book, [1]=
                           >PHP book)
```

（2）使用 fetchAll()方法读取查询结果

fetchAll()方法指返回查询结果集中剩余的全部记录到一个二维数组，无记录时返回 FALSE。其基本格式为

```
$rows=$pds->fetchAll($fetch_style);
```

参数$fetch_style 与 fetch()方法一致。

（3）fetchColumn()方法读取查询结果

fetchColumn()方法返回查询结果集下一条记录中指定列的值，已无记录时返回 FALSE。其基本格式为

```
$a=$pds->fetchColumn($n);
```

参数$n 表示列序号的整数，列序号默认从 0 开始。参数$n 省略时，取第 1 列。

使用 fetchColumn()方法时，依次只能读记录中的 1 列的值，不能读取其他列值。例如：

```
$a=$pds->fetchColumn();         //取下一条记录的第 1 列
$a=$pds->fetchColumn(1);        //取下一条记录的第 2 列
```

例 8.1 综合使用 PDO 对象，实现一个可以查看、修改和删除记录的网页。（源代码: \chapter8\test1.php、edit.php、save.php、delete.php）

test1.php 显示记录查看页面，如图 8.10 所示。页面中以表格形式显示记录，单击"修改"超链接可切换到记录修改页面，单击"删除"超链接可删除该行记录。

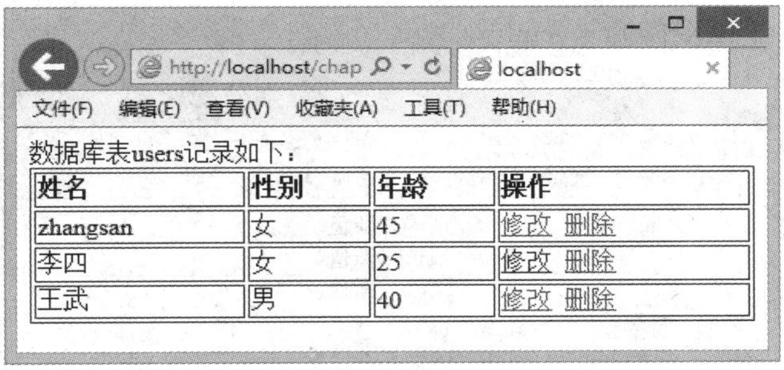

图 8.10　记录查看页面

test1.php 代码如下。

```php
<?php
$dsn="mysql:host=localhost:3306;dbname=testdb";
try {
    $pdo=new PDO($dsn,'root', 'root');                  //创建 PDO 对象，连接到数据库
    $pds=$pdo->query("select * from users");            //执行查询获取表中全部记录
    $rows=$pds->fetchAll(PDO::FETCH_ASSOC);   //将查询结果集全部记录读入二维数组
    if($rows){
        //从查询结果集读取数据成功时，以表格方式输出记录
        echo '数据库表 users 记录如下：';
        echo '<table  border=1  width=100%><col  witdth=25%/><col  witdth=25%/><col
witdth=25%/>'.
            '<tr><th align=left>姓名</th><th align=left>性别</th><th align=left>年龄</th>'.
            '<th align=left>操作</th></tr>';
        foreach ($rows as $k=>$row){
            //将二维数组第一维映射到变量$row，$row 为一条记录对应的数组
            echo "<tr><td>",$row['name'],"</td>";
            echo "<td>",$row['sex'],"</td>";
            echo "<td>",$row['age'],"</td>";
            //生成修改链接时，将各个列值作为 URL 参数传递给修改页面
            //生成删除链接时，将 name（主键）作为 URL 参数
            echo '<td><a href="edit.php?name='.$row['name'].'&sex='.$row['sex'].
                '&age='.$row['age'].'">修改</a>','  <a href="delete.php?name='
                .$row['name'].'">删除</a></td></tr>';         }
        echo '</table>';
    }else{
        echo '数据库表 users 中没有记录！';
    }
} catch (Exception $exc) {
    echo $exc->getMessage();//出错时显示错误信息

}
```

edit.php 显示记录修改页面，如图 8.11 所示。在页面中输入新的列值后，单击 保存 按钮将

表单数据提交给执行保存操作的 save.php。

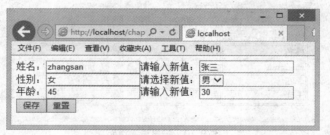

图 8.11　记录修改页面

edit.php 代码如下。

```php
<?php
$name=$_GET['name'];          //获取 name 列值
$sex=$_GET['sex'];            //获取 sex 列值
$age=$_GET['age'];            //获取 age 列值
//在表单中显示原始数据，并接受用户输入的新值
echo '<form action=save.php method=post>';
echo '姓名：<input type="text" name="oldname" value="'.$name.'" readonly="readonly" />';
echo '请输入新值：<input type="text" name="name" value=""/><br>';
echo '性别：<input type="text"    value="'.$sex.'" readonly="readonly" />';
echo '请选择新值：<select  name="sex"><option>男</option><option>女</option></select><br>';
echo '年龄：<input type="text" name="" value="'.$age.'" readonly="readonly" />';
echo '请输入新值：<input type="text" name="age" value=""/><br>';
echo '<input type="submit" value="保存" /><input type="reset" value="重置" />';
echo '</form/>';
```

save.php 执行保存操作，用修改表单提交的数据更新数据库表中的对应记录，其代码如下。

```php
<?php
//将修改页面中提交的数据保存到数据库
$oldname=$_POST['oldname'];
$name=$_POST['name'];
$sex=$_POST['sex'];
$age=intval($_POST['age']);
$sql="update users set name='$name',sex='$sex',age=$age where name='$oldname'";
$dsn="mysql:host=localhost:3306;dbname=testdb";
try {
    $pdo=new PDO($dsn,'root', 'root');
    $pds=$pdo->exec($sql);
    echo  '<script>window.location  ="test1.php";</script>';// 更新记录成功时跳转到test1.php
} catch (Exception $exc) {
```

```php
        echo $exc->getMessage();
}
```

delete.php 从数据库表删除指定的记录，其代码如下。

```php
<?php
//删除记录
$name=$_GET['name'];
$sql="delete from users where name='$name'";
$dsn="mysql:host=localhost:3306;dbname=testdb";
try {
        $pdo=new PDO($dsn,'root', 'root');
        $pds=$pdo->exec($sql);
        echo '<script>window.location ="test1.php";</script>';
} catch (Exception $exc) {
        echo $exc->getMessage();//出错时显示错误信息
}
```

8.3 项目实现

为实现图 8.1 所示目标，可做如下分析。

制作数据库版的网站计数器首先在数据库中创建一个表保存网站访问量，该表只需要一个整数类型的列即可。在网页中首先从数据库获取现有访问量，在网页中显示访问欢迎信息，最后更新数据库中的访问量。

为避免因刷新页面造成的重复计数，可在$_SESSION 中设置一个变量保存访问标识。

实例代码：

```php
<?php
$dsn="mysql:host=localhost:3306;dbname=visitors";
try {
        $pdo=new PDO($dsn,'root', 'root');              //创建 PDO 对象，连接到数据库
        $pds=$pdo->query("select * from count");        //执行查询获取表中全部记录
        $count=$pds->fetchColumn(); //记录器表中只有 1 条记录，记录只有 1 列，所以读一
                                                        个列即可
        if(!isset($_SESSION['visited'])){
                //如果用户未访问过页面，则 visited 不存在，此时刷新计数器，保存访问标识
                $count++;
                $_SESSION['visited']=1;
        }
        echo "欢迎你，本站的第<b>$count</b>为访客！";
        //更新网站访问量
        $sql="update count set num=$count";
        $pdo->exec($sql);
```

```
    } catch (Exception $exc) {
        echo $exc->getMessage();      //出错时显示错误信息
    }
```

8.4 巩固练习

1．选择题

（1）MySQL 数据库的数据模型属于（   ）。

    A. 层次模型　　　　　　　　　　　　B. 网状模型

    C. 关系模型　　　　　　　　　　　　D. 面向对象模型

（2）在 NetBeans 中注册 MySQL 服务器时，不需要设置的属性是（   ）。

    A. 服务器主机名　　　　　　　　　　B. 服务器端口号

    C. 管理员用户名　　　　　　　　　　D. 管理员权限

（3）下列说法不正确的是（   ）。

    A. 在 NetBeans 中可以创建 MySQL 数据库

    B. 在 NetBeans 中可以创建 MySQL 数据库表

    C. 在 NetBeans 中可以创建 MySQL 服务器

    D. 在 NetBeans 中可以启动和停止 MySQL 服务器

（4）为了使用 PDO 访问 MySQL 数据库，下列选项中不是必须执行的步骤是（   ）。

    A. 设置 extension_dir 指定扩展函数库路径

    B. 启用 extension=php_pdo.dll

    C. 启用 extension=php_pdo_mysql.dll

    D. 启用 extension=php_pdo_odbc.dll

（5）下列说法不正确的是（   ）。

    A. 使用 PDO 对象 exec()方法可以执行 SQL 命令添加记录

    B. 使用 PDO 对象 exec()方法可以执行 SQL 命令删除记录

    C. 使用 PDO 对象 exec()方法可以执行 SQL 命令修改记录

    D. 使用 PDO 对象 exec()方法可以执行 SQL 命令查询记录，返回查询结果集

2．编程题

（1）创建名为 testdb 的数据库，在数据库中创建 register 表，其结构如图 8.12 所示。

图 8.12　register 表结构

（2）综合使用 AJAX（参考第 7 章）和 PHP 数据库功能设计网页，实现 register 表记录的添加、删除和修改功能。图 8.13 显示了 register 表的数据管理页面。具体功能要求分别如下。

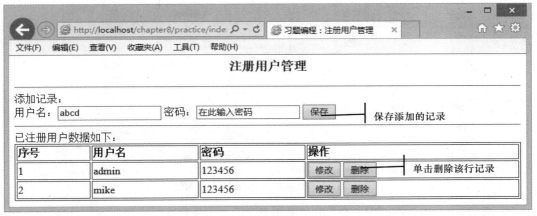

图 8.13　register 表数据管理页面

① 单击 保存 按钮保存添加的记录，如果有错，则在页面中显示错误信息，如图 8.14 所示；如果没有错误，新添加的记录显示到已注册用户表格中，如图 8.15 所示。

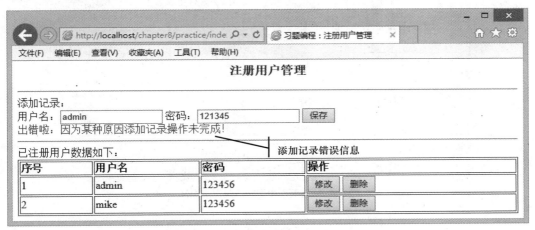

图 8.14　在页面中显示添加记录的错误信息

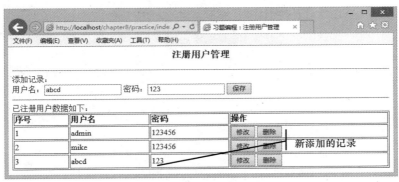

图 8.15　添加的记录直接在表格中显示

② 单击 删除 按钮保存添加的记录，若有错则在页面中显示错误信息，如图 8.16 所示。如果没有错误，该行记录被删除，注册用户表格自动刷新。

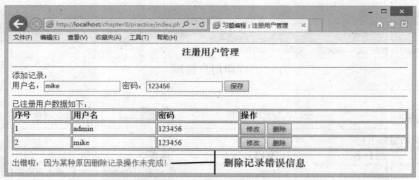

图 8.16　在页面中显示删除记录的错误信息

③ 单击 修改 按钮在页面下方显示记录修改控件，如图 8.17 所示。单击 保存修改 按钮保存修改的记录，如果有错，则在页面中显示错误信息；如果没有错误，刷新注册用户表格显示新的数据。

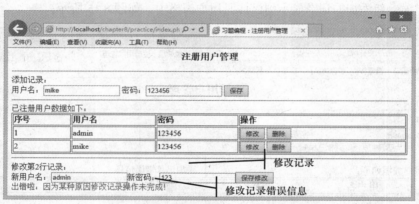

图 8.17　在页面中显示修改记录控件

项目九
Web 用户管理系统

在线商城、社交网站、Web 邮件系统等不少网站都具有用户注册功能，网站可以存储用户个性化数据，为用户提供各种个性化服务。本章综合应用前面所学的各种知识，实现一个 Web 用户管理系统，实现用户登录、用户注册和用户数据管理等主要功能。

项目要点

- 系统统计
- 数据库统计
- 开发准备
- 系统功能模板实现

具体要求

- 了解系统设计的开发运行环境
- 了解数据库表结构
- 掌握 IIS 配置相关知识
- 掌握系统登录功能实现的相关知识
- 掌握常用类操作

9.1 系统设计

系统设计主要包括系统主要功能模块、开发运行环境和系统业务流程图。下面分别进行介绍。

9.1.1 系统主要功能模块

Web 用户管理系统可作为各种在线系统的一部分，它由不同的功能模块组成，下面分别对各模块进行介绍。

- 用户登录模块：系统统一登录页面，已注册用户根据用户类型导航到不同页面，新用户导航到注册页面。

- 新用户注册模块：注册模块包括用户的昵称、登录密码、真实姓名、身份证号、上传身份证相片等信息。
- 注册用户管理模块：系统管理员登录后可查看所有用户的注册数据，并可删除用户注册记录和进行实名认证。
- 个人信息管理模块：当注册用户登录后可以查看和修改个人注册信息。
- 密码重置模块：已注册用户忘记密码时，提供注册的 E-mail 地址进行密码重置。

9.1.2　开发运行环境

下面对 Web 用户管理系统开发运行环境分别进行介绍。

- 开发平台：Windows 8.1。
- 运行平台：各种 Windows 平台。
- Web 服务器：IIS。
- 数据库管理系统：MySQL。

9.1.3　系统业务流程图

Web 用户管理系统业务流程图如图 9.1 所示。

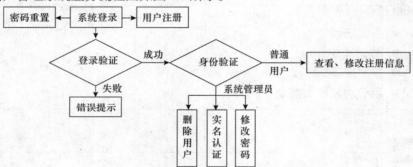

图 9.1　Web 用户管理系统业务流程图

9.2　数据库设计

Web 应用程序项目后台数据库通常根据业务需求先进行设计，并在数据库管理系统中创建需要的数据库和表，在表中添加必要的初始数据，以便于程序的开发和调试。

9.2.1　数据库概要说明

Web 用户管理系统主要存储用户的昵称、登录密码、真实姓名、身份证号、身份证相片、E-mail 地址、注册时间、登录时间等数据。

Web 用户管理系统数据库命名为 webdata，用户数据存储表命名为 guestdata。

9.2.2　数据库表结构

guestdata 表结构如表 9.1 所示。

图 9.1　guestdata 表结构

列名	数据类型	大小	允许空值	说明
nickname	varchar	10	不允许	主键、存储用户名
password	varchar	10	不允许	存储登录密码

列名	数据类型	大小	允许空值	说明
realname	varchar	10	允许	存储真实姓名
id	char	18	允许	存储身份证号码
idjpg	blob		允许	存储身份证相片
verified	bit	1	不，默认值 0	存储实名认证标志
idjpgtype	varchar	20	允许	存储身份证相片图片文件类型
registertime	date		允许	存储注册日期
lastlogtime	date		允许	存储最近一次登录日期
email	varchar	30	允许	存储电子邮件地址，唯一索引

其中，nickname 列定义为主键，为 email 列定义唯一索引。nickname 列存储用户昵称，作为登录系统的用户名，定义为主键时，昵称不允许重复。E-mail 地址用于在用户申请密码重置时，向用户邮箱发送密码重置链接，所以 email 列定义是唯一索引。

idjpg 列存储身份证相片文件，所以使用 blob 类型。idjpgtype 列存储身份证相片文件类型，在查看身份证相片时需要在 HTML 头中指明文件类型。

verrified 字段存储是否已通过实名认证标识，bit 类型长度为 1，可存储 0 或 1，用于代表是否通过实名认证。系统管理员可通过查看真实姓名、身份证号和身份证相片等信息决定是否通过用户的实名认证。

9.3　开发准备

开发准备工作主要包括创建项目文件夹、IIS 配置、php.ini 配置、创建 PHP 项目、创建 MySQL 数据库等操作。

9.3.1　创建项目文件夹

在系统磁盘中创建一个文件夹，用于存储 Web 用户管理系统项目的各种文件，本例中使用的文件夹名称为 chapter9。

本例在实现密码重置功能时，将向用户注册的 E-mail 地址发送电子邮件，该功能实现需使用开源的 E-mail 类：PHPMailer，其下载地址为 https://github.com/PHPMailer/ PHPMailer/ archive/master.zip。文件下载后解压，将 class.phpmailer.php、class.pop3.php、class.smtp.php 和 PHPMailerAutoload.php 赋值到项目文件夹中。

9.3.2　IIS 配置

为 IIS 默认 Web 站点创建一个虚拟目录，名称为 chapter9，映射到项目文件夹。为虚拟目录添加默认文档 index.php 和 php-cgi.exe 模块映射。具体操作请参考第 1 章相关内容。

9.3.3　php.ini 配置

下面对本章中涉及的 php.ini 配置分别进行介绍。

- display_errors = On：在浏览器中显示错误信息。项目发布时应将其关闭。
- extension_dir = "D:\php5\ext"：设置 PHP 扩展函数库路径。本章中需访问 MySQL 数据库，其扩展函数在 ext 目录中。

- upload_tmp_dir = "D:\php5\upload"：本章中需上传身份证相片文件，应设置保存上传临时文件的目录。未设置时上传临时文件存入系统临时目录。
- extension=php_gd2.dll：启用 GD2，在生成登录图形数字验证码时需使用 GD2 函数。
- extension=php_pdo.dll：使用 PDO 对象时为必需。
- extension=php_pdo_mysql.dll：使用 PDO 对象访问 MySQL 数据库时为必需。
- session.auto_start = 1：设置自动启动 Session，本章中需使用 Session 保存用户登录信息。

9.3.4 创建 PHP 项目

在 NetBeans 中创建一个 PHP 项目，项目名称为 chapter9，项目文件夹使用前面创建的 chapter9。

项目文件夹与 IIS 中创建的虚拟目录映射的本地文件夹一致，这样在 NetBeans 中选择"运行/运行项目"命令，即可在浏览器中访问项目首页。

9.3.5 创建 MySQL 数据库

在 NetBeans 中使用服务窗口连接至 MySQL 服务器，然后创建数据库 webdata 和表 guestdata。在 guestdata 表中添加一条记录作为默认系统管理员账户，nickname 为 admin，password 为 123。NetBeans 中的 MySQL 数据库操作可参考第 8.2.1 小节。

9.4 系统功能模块实现

9.4.1 系统登录功能实现

系统登录页面如图 9.2 所示。

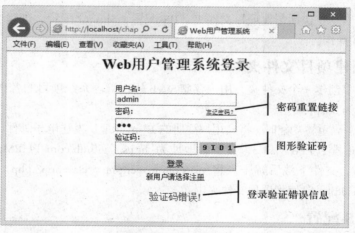

图 9.2 系统登录页面

在页面中输入用户名、密码和验证码后，单击 登录 按钮登录。如果不能登录，在页面下方显示错误提示信息。如果登录成功，系统管理员被导航到注册用户管理页面，普通用户被导航到个人信息管理页面。

如果忘记登录密码，可在登录页面中单击"忘记密码？"超链接进行密码重置。如果是未注册用户，可单击"注册"超链接导航到新用户注册页面。

系统登录功能由 index.php、getcheckcode.php、included.php 和 loglocked.html 等文件实现。

系统登录页面主文件为 index.php，下面对该文件相关函数进行介绍。

- index.php：登录表单 action 目标，自调用是为了获取表单数据将其显示在原 HTML 控件中，在出错时，无需重新输入数据。
- getcheckcode.php：设置为 img 控件的 src 属性值，用于获取图形验证码，并显示在 img 控件中。
- included.php：包含文件，其中的 checklog() 函数用于验证登录信息，updatelogtime() 函数用于更新用户登录日期。
- forget.php：单击"忘记密码？"超链接目标，进入密码重置页面。
- register.php：单击"注册"超链接目标，进入新用户注册页面。
- showusers.php：注册用户管理页面，系统管理员成功登录时导航到该页面。
- showself.php：个人信息管理页面，普通用户成功登录时导航到该页面。
- loglocked.html：登录锁定页面时，错误输入用户名或者密码超过 3 次时导航到该页面。

1．实现登录页面

登录页面由 index.php 实现，其代码如下。（源代码：\chapter9\index.php）

```php
<html>
<head>
    <title>Web 用户管理系统</title>
    <style> td{font-size:12px}</style>
</head>
<body>
<?php
    /*从$_POST 中获取用户登录提交的用户名和密码，以便在表单中显示
    * 若没有执行过登录操作，则显示初始的空字符串
    *在表单中用<?=变量名;?>显示 PHP 表达式的值   */
    $nm=";                              //初始化存储用户名的变量
    $pwd=";                             //初始化存储登录密码的变量
    if(isset($_POST['username']))
        $nm=$_POST['username'];         //从$_POST 中获取用户登录提交的用户名
    if(isset($_POST['password']))
        $pwd=$_POST['password'];        //从$_POST 中获取用户登录提交的密码
?>
<div style="text-align:center"><h2>Web 用户管理系统登录</h2></div><br>
<form action="index.php" method="post">
    <table border="0" align="center">
        <tr><td colspan="2">用户名：<br>
            <input type="text" name="username" style="width:200px" value="<?=$nm;?>"/>
        </td></tr>
        <tr ><td>密码：</td><td align="right">
            <a href="forget.php" style="font-size:10px">忘记密码？</a></td>
        <tr><td colspan="2">
```

```
            <input type="password" name="password" value="<?=$pwd;?>"
                    style="width:200px"/></td>
        </tr>
        <tr><td colspan="2">验证码：<br>
            <input type="text" name="imgcode" style="width:136px;vertical-align:middle"/>
            <img id="checkcode" src="getcheckcode.php"  onmouseup="refreshimage()"
                alt="点击刷新"  title="点击刷新" style="cursor:pointer;vertical-align:middle"/>
        </td></tr>
        <tr><td colspan="2"><input type="submit" value="登录"  style="width:200px"/></td>
        <tr><td colspan="2" align="center">新用户请选择<a href="register.php">注册
</a></td></tr>
    </table>
</form>
<div style="color:red;text-align:center">
<?php
    if(isset($_POST['username'])){
        //在用户执行登录操作时才执行后继的登录验证操作
        if(strtolower($_POST['imgcode'])<>$_SESSION['checkcode']){
            //图形验证码转换为小写进行比较，即忽略验证码中字母的大小写
            //$_SESSION['checkcode']存储了 getcheckcode.php 生成的验证码
            echo '验证码错误!';exit;
        }
        //在验证码正确时，才进一步验证用户名和密码是否正确
        //为了使代码结构更清晰，在 included.php 中定义了登录验证和登录时间更新函数
        include 'included.php';
        $check=checklog($nm,$pwd);          //调用登录验证函数检验用户名和密码是否
                                            正确
        if($check===true){
            $_SESSION['nickname']=$nm; //通过登录验证，将用户名存入 Session
            updatelogtime($nm);          //通过登录验证，更新用户登录时间
            if($nm=='admin'){
                //通过登录验证，系统管理员导航到注册用户管理页面
                echo '<script>window.location ="showusers.php";</script>';
            }else{
                //通过登录验证，普通用户导航到个人信息管理页面
                echo '<script>window.location ="showself.php";</script>';
            }
        }else if($check===false){
            //没有通过登录验证，检查登录验证尝试次数
            if(!isset($_SESSION['logtimes'])){
```

```php
            $_SESSION['logtimes']=1;          //第 1 次登录,初始化$_SESSION['logtimes']
            echo '用户名或密码错误！';
        }else if($_SESSION['logtimes']<3 ){
            $_SESSION['logtimes']++;//更新登录次数
            echo '用户名或密码错误！';
        }else{
            //登录验证尝试次数超过 3 次,导航到登录锁定页面
            echo '<script>window.location ="loglocked.html";</script>';
        }
    }else{
        echo $check;                          //验证出错时,显示返回的错误信息
    }
}
?>
</div>
</body>
</html>
<script language="javascript" type="text/javascript">
    //脚本函数 refreshimage()用于刷新图形验证码
    function refreshimage()
    {   //单击图形验证码时,刷新验证码,注意 img 的 src 属性不同时才会刷新
        //所以在 getcheckcode.php 后加了一个随机数
        document.getElementById('checkcode').src="getcheckcode.php?"+Math.random();
    }
</script>
```

2．实现登录验证和登录时间更新

登录验证和登录时间更新函数需要访问 MySQL 数据库,由 included.php 实现,其代码如下。(源代码：\chapter9\included.php)

```php
<?php
/*checklog($username,$password)函数验证用户名和密码正确性
 * $username 为用户输入的用户名, $password 为用户输入的密码
 * $username 作参数查询 guestdata 表,若有匹配的 nickname 列值,说明用户名正确
 * 再比较查询结果的 password 列值是否与$password 匹配,匹配则说明密码正确
 * 在用户名和密码均正确时,函数返回 TRUE,否则返回 FALSE
 * 在出错时,函数返回错误信息
 */
function checklog($username,$password){
    $dsn="mysql:host=localhost:3306;dbname=webdata";      //定义 DSN 字符串
try {
    $pdo=new PDO($dsn,'root', 'root');                    //创建 PDO 对象,连接到
```

```
        $sql="select password from guestdata where nickname='$username'";//定义查询字符串
        $pds=$pdo->query($sql);                          //执行查询
        $result='';                                       //初始化返回结果
        $row=$pds->fetch();                              //将查询结果集中的记录读入变量
$row
        if($row==false){
            //$row 为 FALSE 说明数据库表中没有与$username 匹配的记录，说明输入的用
户名未注册
            $result='出错啦：用户名或者密码错误！';
        }else{
            //$row 为 TRUE，说明用户输入的用户名有对应注册记录，用户名正确，可进一
步验证密码
            if($row['password']==$password){
                $result=TRUE;                            //密码也正确，设置返回 TRUE
            }else{
                $result=FALSE;                           //密码不正确，设置返回 FALSE
            }
        }
        $pds=null;                      //释放对象
        $pdo=null;                      //释放 PDO 对象，可清除其使用的数据库资源
        return $result;//返回函数处理结果
    } catch (Exception $exc) {
        //在出错时，设置返回信息
        return '出错啦：因为某种未知原因，服务器无法完成登录验证操作，请稍后重试！';
    }
}
/*updatelogtime($username)函数更新用户登录时间
 * $username 为用户名
 *函数将 guestdata 表中$username 对应记录的登录时间 lastlogtime 列修改为当前日期
 *更新操作成功时，函数返回 TRUE，否则返回出错信息
 */
function updatelogtime($username){
    $dsn="mysql:host=localhost:3306;dbname=webdata";        //定义 DSN 字符串
    try {
        $pdo=new PDO($dsn,'root', 'root');                       //创建 PDO 对象，连接到
                                                                数据库
        $sql="update guestdata set lastlogtime='".date("Y-m-d")."' where nickname='$username'";
        $pds=$pdo->exec($sql); //执行更新操作
        $pds=null;
```

```
            $pdo=null;
            return true;                                    //更新成功时，返回 TRUE
        } catch (Exception $exc) {
            return '出错啦：因为某种未知原因，服务器无法完成登录验证操作，请稍后重试！';
        }
    }
}
```

3．实现登录锁定页面

当用户尝试登录次数超过 3 次时，导航到该页面，显示提示信息。登录锁定页面由 loglocked.html 实现，其代码如下。（源代码：\chapter9\loglocked.html）

```
<html>
    <head>
        <title>登录错误</title>
        <meta charset="UTF-8">
    </head>
    <body>
        <div style="color:red;text-align:center">登录超过 3 次，请稍后重试！</div>
    </body>
</html>
```

4．实现图形验证码

图形验证码为图形中显示的验证码，用于网站避免恶意登录。图形验证码由 getcheckcode.php 实现，其代码如下。（源代码：\chapter9\getcheckcode.php）

```php
<?php
/*图形验证码生成包含几个关键步骤：
 *（1）在 php.ini 中启用 GD2 函数库
 *（2）随机选择字符构成验证码字符串，验证码字符串存入 Session 以便验证调用
 *（3）调用 GD2 函数 imagecreate()创建图像
 *（4）第一次调用 GD2 函数 imagecolorallocate()函数设置图像背景色
 *（5）再次调用 imagecolorallocate()函数设置绘图颜色
 *（6）调用 GD2 函数 imagestring()将验证码字符串输出到图像
 *（7）调用 PHP 的 header()函数设置正确的 HTML 文件头
 *（8）调用匹配的 GD2 函数 imagejpeg()或 imagepng()将图像输出到浏览器
 *（9）调用 GD2 函数 imagedestroy()销毁图像，释放图形资源
 */
$chars='23456789abcdefghjkmnpqrstABCDEFGHJKMNPQRST';//设置候选字符，排除易混淆字符
$n=strlen($chars);//获得候选字符串长度
//随机选择 4 个字符作为验证码
$str=$chars[rand(0,$n-1)].$chars[rand(0,$n-1)].$chars[rand(0,$n-1)].$chars[rand(0,$n-1)];
$_SESSION['checkcode']=strtolower($str);//将验证码存入 Session，以便验证
$im = imagecreate(60,20);                 //创建一个宽为 60 像素，高为 20 像素的图像
```

```
imagecolorallocate($im,200,200,200);    //设置图像背景色
$color=imagecolorallocate($im,0, 0,0);    //生成绘图颜色
//将验证码用 imagestring()函数输出到图像
imagestring($im,3,6,2, $str[0]." ".$str[1]." ".$str[2]." ".$str[3],$color);
//图形验证码为图片格式，因此正确的 HTML 文件头才能保存客户端正确接收到图片
header("Content-Type:image/jpeg");
imagejpeg($im);            //将图像以 jpg 格式输出到浏览器
imagedestroy($im);    //释放图像资源
```

9.4.2　新用户注册功能实现

新用户注册页面如图 9.3 所示。

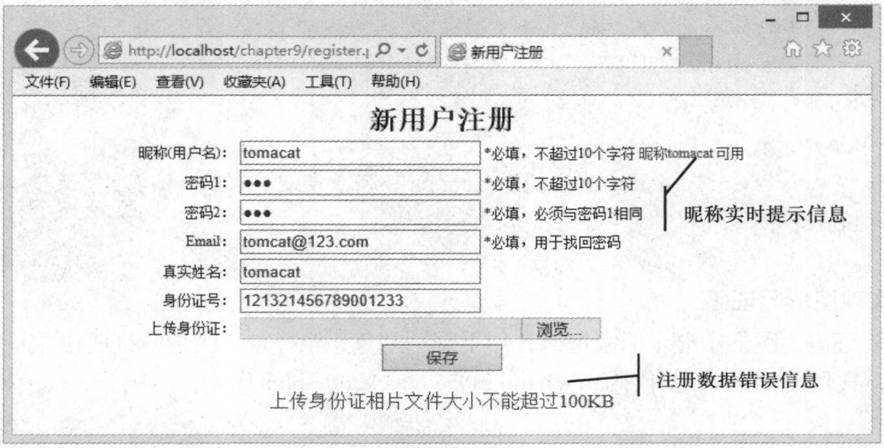

图 9.3　新用户注册页面

新用户注册页面应用了 AJAX 技术，在用户输入昵称时，实时显示输入的昵称是否已被使用。输入完各项数据后，单击 [保存] 按钮时，首先在 JavaScript 脚本中检验数据是否合法，通过验证后将数据提交给服务器处理。如果有错，则在页面下方显示错误信息。

新用户注册功能由 register.php 和 checknick.php 实现。register.php 实现新用户注册页面，其代码如下。（源代码：\chapter9\register.php）

```html
<html>
<head>
    <title>新用户注册</title>
    <style>
        td{font-size:12px}
        div.out{color:red;text-align:center}
    </style>
<script type="text/javascript">
/*checknick(str)函数在昵称输入控件的 onkeyup 事件中调用，检验昵称是否可用
    *参数 str 为输入的昵称，函数使用 XMLHttpRequest 对象将昵称提交给服务器处理
程序 checknick.php
    *checknick.php 查询 guestdata 表中是否存在该昵称，返回处理结果字符串
```

```
*处理结果字符串显示在 ID 为 nicknews 的<span>控件中
*/
function checknick(str){
    var url="checknick.php?nickname="+str;    //将用户输入作为 URL 参数提交
    var xmlhttp;
    try { //用各种方法尝试创建 XMLHttpRequest 对象
        xmlhttp = new ActiveXObject("Msxml2.XMLHTTP");
    } catch(e){
    try {
        xmlhttp = new ActiveXObject("Microsoft.XMLHTTP");
    }catch(e){xmlhttp = false;}
    }
    if (!xmlhttp && typeof XMLHttpRequest != 'undefined'){
        //若前面的方法不成功，则使用下面的语句创建 XMLHttpRequest 对象
        xmlhttp = new XMLHttpRequest();
    }
    xmlhttp.onreadystatechange=function(){
        if (xmlhttp.readyState===4 && xmlhttp.status===200){
            //将处理结果显示在 HTML 页面中
            document.getElementById("nicknews").innerHTML=xmlhttp.responseText;
        }
    } ;
    xmlhttp.open("get",url,true);    //打开服务器连接
    xmlhttp.send();                  //发送请求
}
/*dosubmit()函数在"保存"按钮的 onclick 事件中调用，检验并提交用户注册数据
 * 函数首先检查昵称、密码、E-mail 等数据是否有效，其他数据项允许为空值，所
以不检查
 * 在数据无误时，调用表单的 submit()方法提交表单
 **/
function dosubmit(){
    var nm=document.getElementsByName("nickname")[0].value;
    if(nm==""){
        alert("昵称不能为空值");
        document.getElementsByName("nickname")[0].focus();
        return;
    }
    var pwd1=document.getElementsByName("password1")[0].value;
    if(pwd1==""){
        alert("密码 1 不能为空值");
```

```
                document.getElementsByName("password1")[0].focus();
                return;
            }
            var pwd2=document.getElementsByName("password2")[0].value;
            if(pwd2!=pwd1){
                alert("密码 2 必须与密码 1 相同");
                document.getElementsByName("password2")[0].focus();
                return;
            }
            var email=document.getElementsByName("email")[0].value;
            if(email.match(/(\w)+(\.\w+)*@(\w)+((\.\w+)+)$/)==null){
                alert("请输入正确的 E-mail");
                document.getElementsByName("email")[0].focus();
                return;
            }
            document.rform.submit();//提交表单
        }
</script>
</head>
<body>
<?php
/*register.php 将表单请求提交给自己, 这样可获取表单提交的数据重新显示在表单控件中,
 *避免在出错时让用户重复输入, 提高页面可使用性
 */
$nm='';$id='';$email='';$rm='';
if(isset($_POST['nickname'])){
    //获取表单提交的数据
    $nm=$_POST['nickname'];
    $pwd1=$_POST['password1'];
    $id=$_POST['id'];
    $email=$_POST['email'];
    $rm=$_POST['realname'];
    $ms=$_POST['MAX_FILE_SIZE'];
    $file=$_FILES['idjpg'];
}
?>
<div style="text-align:center"><h2>新用户注册</h2></div>
<form action="register.php" method="post" enctype="multipart/form-data" name="rform">
    <table border="0" align="center">
        <tr><td align="right">昵称(用户名): </td>
```

```
            <td><input type="text" name="nickname" style="width:200px" maxlength="10"
                    onkeyup="checknick(this.value)" value="<?=$nm;?>"/>
        *必填，不超过 10 个字符
                <span id="nicknews"></span></td></tr>
        <tr><td align="right">密码 1：</td><td>
            <input type="password" name="password1" style="width:200px" maxlength="10"/>
                *必填，不超过 10 个字符</td></tr>
        <tr><td align="right">密码 2：</td>
            <td><input type="password" name="password2" style="width:200px"    maxlength=
"10"/>
                *必填，必须与密码 1 相同</td>
        </tr><tr><td align="right">E-mail：</td><td>
                <input type="text" name="email" style="width:200px"
                    maxlength="30"    value="<?=$email;?>"/>*必填，用于找回密
码</td>
        </tr><tr><td align="right">真实姓名：</td><td>
            <input type="text" name="realname" style="width:200px"
                maxlength="30"    value="<?=$rm;?>"/></td></tr>
        <tr><td align="right">身份证号：</td>
            <td><input type="input" name="id" style="width:200px"
                    maxlength="18"    value="<?=$id;?>"/></td></tr>
        <tr><td align="right">上传身份证：</td>
            <td><input type="hidden" name="MAX_FILE_SIZE" value="102400"/>
                <input type="file" name="idjpg" style="width:300px"/>
                </td></tr>
        <tr><td align="center" colspan="2">
            <input type="button" value="保存" onclick="dosubmit()" style="width:100px"/>
            </td></tr>
        </table>
    </form>
<div class="out"><!-- 在该 div 中显示表单数据处理结果 -->
<?php
if(!isset($_POST['nickname'])) exit; //如果未提交表单，则不执行后继验证操作
if($file['error']==0) //$file['error']==0 表示文件上传操作完成，此时才执行有关文件操作
    if($file['size']>$ms){
        echo '上传身份证相片文件大小不能超过 100KB';
        exit;
    }
try { //将表单数据存入数据库
    //创建 PDO 对象连接数据库
```

```php
$pdo=new PDO("mysql:host=localhost:3306;dbname=webdata",'root', 'root');
//设置 PDO 错误模式，所有错误均以异常方式抛出，便于处理
$pdo->setAttribute(PDO::ATTR_ERRMODE, PDO::ERRMODE_EXCEPTION);
$rt=date("Y-m-d");//获得当前日期
if($file['error']==0){
    //如果有上传文件，执行包含文件的 insert 命令添加记录
    $sql="insert into guestdata values"
        ."(:nickname,:password,:realname,:id,:idjpg,0,:idjpgtype,:registertime,null,:email)";
    $pds=$pdo->prepare($sql);       //预先提交要执行的 SQL 命令
    //将 SQL 命令参数绑定到对应变量
    $pds->bindParam(':nickname', $nm,PDO::PARAM_STR,10);
    $pds->bindParam(':password', $pwd1,PDO::PARAM_STR,10);
    $pds->bindParam(':realname', $rm,PDO::PARAM_STR,10);
    $pds->bindParam(':id', $id,PDO::PARAM_STR,10);
    $pds->bindParam(':idjpgtype', $file['type'],PDO::PARAM_STR,20);
    $fp = fopen($file['tmp_name'], 'rb');//先打开上传文件对应的临时文件，再绑定到参数
    $pds->bindParam(':idjpg', $fp,PDO::PARAM_LOB);
    $pds->bindParam(':registertime', $rt,PDO::PARAM_INT);
    $pds->bindParam(':email', $email,PDO::PARAM_STR,30);
}else{
    //无上传文件时，执行不包含文件的 insert 命令添加记录
    $sql="insert into guestdata values"
        ."(:nickname,:password,:realname,:id,null,0,null,:registertime,null,:email)";
    $pds=$pdo->prepare($sql);
    $pds->bindParam(':nickname', $nm,PDO::PARAM_STR,10);
    $pds->bindParam(':password', $pwd1,PDO::PARAM_STR,10);
    $pds->bindParam(':realname', $rm,PDO::PARAM_STR,10);
    $pds->bindParam(':id', $id,PDO::PARAM_STR,10);
    $pds->bindParam(':registertime', $rt,PDO::PARAM_INT);
    $pds->bindParam(':email', $email,PDO::PARAM_STR,30);
}
$pds->execute(); //执行预先提交的 SQL 命令
$pds=null;
$pdo=null;
echo '成功保存注册信息！5 秒后自动跳转到'
. '<a href="index.php">登录</a>页面  ';
echo '<span id="dumiao">5</span>';
echo '<script type="text/javascript">';
echo 'function timeout(){';
echo 'var djs = document.getElementById("dumiao");';
```

```
        echo 'if(djs.innerHTML == 0){';
        echo 'window.location.href="index.php";';
        echo 'return false;}';
        echo 'djs.innerHTML = djs.innerHTML - 1;}';
        echo 'window.setInterval("timeout()", 500);';
        echo '</script>';
    } catch (Exception $exc) {
        echo '出错啦：请检查各个数据是否有效后重试！';
    }
    ?>
    </div>
    </body>
    </html>
```

checknick.php 为新用户注册页面中 XMLHttpRequest 对象请求的服务器端处理程序，验证输入的用户名是否在数据库中存在，其代码如下。（源代码：\chapter9\checknick.php）

```php
<?php
$nm=$_GET['nickname'];                                   //获取客户用户输入的昵称
                                                         （用户名）

if(trim($nm)==''){                                       //判断是否为空白字符串
    echo '<font color=red>出错啦：昵称不能为空白！</font>';
    exit;
}
//用客户端输入数据作为参数查询数据库，如果存在匹配的记录，则说明昵称已被使用
$sql="select nickname from guestdata where nickname='$nm'";  //构造查询字符串
$dsn="mysql:host=localhost:3306;dbname=webdata";            //构造 DSN 字符串
try {
    $pdo=new PDO($dsn,'root', 'root');
    $pdo->setAttribute(PDO::ATTR_ERRMODE, PDO::ERRMODE_EXCEPTION);
    $pds=$pdo->query($sql);                              //执行查询
    $r=$pds->fetchColumn();                              //获取查询结果集中的数据
    if($r==false)                                        //$r 为 FALSE 表明数据库
                                                         中无匹配记录

        echo "<font color=red>昵称$nm 可用</font>";
    else
        echo "<font color=red>昵称$nm 已被可用</font>";
    $pds=null;
    $pdo=null;
} catch (Exception $exc) {
    echo '<font color=red>出错啦：因为某种原因无法验证昵称是否已使用！</font>';
}
```

9.4.3 个人信息管理功能实现

普通用户登录成功时，跳转到个人信息管理页面，在页面中完成个人信息查看和修改等操作。个人信息管理页面如图 9.4 所示。

图 9.4 个人信息管理页面

在单击"昵称(用户名)""真实姓名""身份证号"行中的"修改"超链接时，可在打开的对话框中输入数据，修改完成后，页面中的数据也实时更新。

在单击"身份证相片"行中的"修改"超链接时，页面中显示文件上传控件，如图 9.5 所示。上传完成后，页面可显示新的图片。修改完成后，文件上传控件自动隐藏。

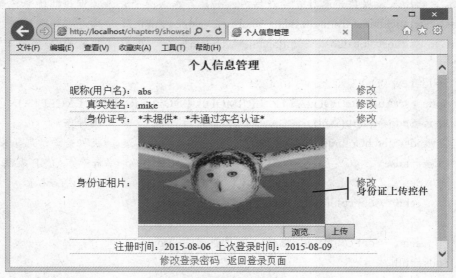

图 9.5 修改身份证相片

在单击"修改登录密码"超链接时，会弹出对话框，要求两次输入新的密码，然后即可完成修改。

个人信息管理功能由个人信息管理页面（showself.php）、获取身份证相片（getidjpg.php）、修改注册数据（dochangecol.php）和修改身份证相片（savenewidjpg.php）等模块实现。

1．实现个人信息管理页面

showself.php 实现个人信息管理页面，其代码如下。（源代码：\chapter9\showself.php）

```html
<html>
<head>
    <meta charset="UTF-8">
    <title>个人信息管理</title>
    <style>
        <!--定义表格内数据和超级链接样式-->
        td{border:solid #add9c0; border-width:0px 0px 1px 0px;padding-left:0px;}
        a{ text-decoration: none; cursor: pointer;}
    </style>
    <script language="javascript" type="text/javascript">
/*changecol(colname)函数在单击页面中选择修改昵称、真实名称、身份证号和登录密码时调用
    *参数 colname 为修改对象对应的数据库表字段名
    *根据不同修改对象，显示相应的提示信息提醒用户输入数据
    *输入数据后,使用 XMLHttpRequest 对象将数据提交给服务器端的 dochangecol.php
    *这样可在不刷新整个页面的情况下将处理结果显示在页面或用对话框显示
    */
    function changecol(colname){
        var oldv=document.getElementById("old"+colname).innerText;//获得修改对象原始值
        var newv,newv2;
        if(colname=="nickname"){
            newv=prompt("请输入新的昵称","在这里输入新值");//用对话框输入新值
            if(nev==null || newv==oldv) return;//未修改时直接返回，不提交数据到服务器
        }
        if(colname=="realname"){
            newv=prompt("请输入新的真实姓名","在这里输入新值");
            if(nev==null || newv==oldv) return;//未修改时直接返回，不提交数据到服务器
        }
        if(colname=="id"){
            newv=prompt("请输入新的身份证号","在这里输入新值");
            if(nev==null || newv==oldv) return;//未修改时直接返回，不提交数据到服务器
        }
        if(colname=="password"){
            newv=prompt("请输入新的密码","在这里输入新值");
            newv2=prompt("请再次输入新的密码","在这里输入新值");
            if(newv!=newv2){
                alert('错啦:两次输入的密码不相同，或未修改密码！');
```

```
                return;
            }
        }
    var oldname=document.getElementById("oldnickname").innerText;//获得当前用户名
    //将当前用户名、修改对象对应的列名和新值作为参数，各种参数字符串
    var args="key="+oldname+"&colname="+colname+"&newvalue="+newv;
    var xmlhttp;
    //用各种方法尝试创建 XMLHttpRequest 对象
    try {
        xmlhttp = new ActiveXObject("Msxml2.XMLHTTP");
    } catch(e){
        try {
            xmlhttp = new ActiveXObject("Microsoft.XMLHTTP");
        }catch(e){xmlhttp = false;}
    }
    if (!xmlhttp && typeof XMLHttpRequest != 'undefined'){
        //若前面的方法不成功，则使用下面的语句创建 XMLHttpRequest 对象
        xmlhttp = new XMLHttpRequest();
    }
    xmlhttp.onreadystatechange=function(){
        if (xmlhttp.readyState===4 && xmlhttp.status===200){
            var rt=xmlhttp.responseText; //获得响应内容
            if(colname!='password'){
                alert(rt);//用网页对话显示响应内容
                document.getElementById("old"+colname).innerText=newv;// 显示
新数据
            }else if(colname=='nickname'){
                alert("用户名修改成功，请重新登录！");//用网页对话显示响应内容
                window.location.href="index.php";   //在修改了用户名时，跳转到
登录页面
            }else{
                alert(rt);//用网页对话显示响应内容
            }
        }
    };
    //FALSE 表示同步发送请求，即发送请求后用户只能在服务器响应完成后才能
执行其他操作
    xmlhttp.open("post","dochangecol.php",false);
    //在采用 POST 方式时，必须使用下面的语句设置 HTML 头部 Content-Type
    xmlhttp.setRequestHeader( "Content-Type" , "application/x-www-form-urlencoded" );
```

```
        xmlhttp.send(args);//发送带参数字符串的请求
    }
    /*showidjpgedit()函数在选择修改身份证相片时调用，在页面中显示文件上传表单
     * 因为需要使用表单上传身份证相片，为了不刷新页面，使用了<iframe>控件来接
收服务器响应
     * 表单的 target 属性设置为<iframe>控件 ID，<iframe>控件样式设置为 display:none，即
不显示
     * 从而实现不刷新页面完成文件上传
     */
    function showidjpgedit(){
        var oldname=document.getElementById("oldnickname").innerText;
        document.getElementById('cidjpg').innerHTML=
        '<form action="savenewidjpg.php" method="post" enctype="multipart/form-data"
target="idnews">'
            +'<input type="file" name="newidjpg" style="width:300px"/>'
            +'<input type="hidden" name="MAX_FILE_SIZE" value="102400" />'
            +'<input type="hidden" name="nickname" value="'+oldname+'" />'
            +'<input type="submit" value="上传"/>'
            +'<iframe id="idnews" name="idnews" style="display:none"></iframe>'
            +'</form>';
    }


    /*hidejpgedit(nm)函数在完成保存新的身份证相片后，在响应输出的脚本中调用
    *函数隐藏文件上传表单，并在页面中显示新的身份证相片
    *参数 nm 为当前用户名，作为参数传递给服务器端的 getidjpg.php，返回身份证相片
    */
    function hidejpgedit(nm){
        document.getElementById('cidjpg').innerText="";//隐藏文件上传表单
        //更新 img 的 src 属性，在页面中显示新的身份证相片
        document.getElementById('idface').src="getidjpg.php?nickname="+nm+"&"+Math.random();
    }
    </script>
</head>
<body>
    <h3 style="text-align:center">个人信息管理</h3>
<?php
    if(!isset($_SESSION['nickname'])){
        //$_SESSION['nickname']未设置时，说明用户未登录，跳转到登录页面
        echo '<script>window.location ="index.php";</script>';
    }
```

```php
$nm=$_SESSION['nickname'];//获得当前用户用户名
$sql="select * from guestdata where nickname='$nm'";//构造查询字符串
$dsn="mysql:host=localhost:3306;dbname=webdata";//各种 DSN 字符串
try {
    $pdo=new PDO($dsn,'root', 'root');
    $pdo->setAttribute(PDO::ATTR_ERRMODE, PDO::ERRMODE_EXCEPTION);
    $pds=$pdo->query($sql);//执行查询
    $pds->bindColumn(1, $nm,PDO::PARAM_STR,10);
    $pds->bindColumn(2, $pwd,PDO::PARAM_STR,10);
    $pds->bindColumn(3, $rn,PDO::PARAM_STR,10);
    $pds->bindColumn(4, $id,PDO::PARAM_STR,18);
    $pds->bindColumn(5, $idjpg,PDO::PARAM_LOB);
    $pds->bindColumn(6, $vf,PDO::PARAM_INT);
    $pds->bindColumn(7, $it,PDO::PARAM_STR,20);
    $pds->bindColumn(8, $rt,PDO::PARAM_STR,10);
    $pds->bindColumn(9, $lt,PDO::PARAM_STR,10);
    $n=$pds->fetch(PDO::FETCH_BOUND);//将查询结果集中的下个记录读取到绑定的
变量中
    if($n==false){
        //$n==false 说明查询结果中无记录，返回登录页面
        echo '<script>window.location ="index.php";</script>';
    }
?>
<table align="center">
    <tr>
        <td align="right">昵称(用户名)：</td>
        <td id="oldnickname"><?=$nm;?></td>
        <td><a href="#" onclick="changecol('nickname')">修改</a></td>
    </tr>
    <tr >
        <td align="right">真实姓名：</td>
        <td id="oldrealname"><?=(empty($rn))?"*未提供*":$rn;?></td>
        <td><a href="#" onclick="changecol('realname')" >修改</a></td>
    </tr>
    <tr>
        <td align="right">身份证号：</td>
        <td><span id="oldid"><?=(empty($id))?"*未提供*":$id;?></span>  
        <?=($vf)?'*已通过实名认证*':'*未通过实名认证*'; ?></td>
        <td><a href="#" onclick="changecol('id')" >修改</a></td>
    </tr>
```

```
        <tr>
            <td align="right">身份证相片：</td>
            <td>
                <?php
                if(empty($idjpg))
                    echo'*未提供*';
                else
                    echo '<img id="idface" src="getidjpg.php?nickname=',$nm,
                        '" width="300px" height="160px"/>';
                ?>
                <div id='cidjpg'></div>
            </td>
            <td><a href="#" onclick="showidjpgedit()" >修改</a></td>
        </tr>
        <tr>
            <td align="center" colspan="3">注册时间：<?=$rt;?> 
                上次登录时间：<?=$lt;?>
            </td>
        </tr>
        <td align="center" colspan="3"><span id="oldpassword"></span>
            <a href="#" onclick="changecol('password')">修改登录密码</a>
              <a href="index.php">返回登录页面</a>
        </td>
</table>
<?php
    $pds=null;
    $pdo=null;
} catch (Exception $exc) {
    echo '<font color=red>出错啦：因为某种原因无法从后台获取个人数据！</font>';
}
?>
</body>
</html>
```

2．实现获取身份证相片功能

身份证相片在 MySQL 数据库中用 BOLB 类型存储，读取方式和普通字段有所区别，所以使用单独的程序获取身份证相片，将其显示在网页<img>控件中。

getidjpg.php 实现身份证相片获取功能，其代码如下。（源代码：CD\chapter9\getidjpg.php）

```php
<?php
//如果 URL 请求中未包含 nickname 参数，直接终止脚本，避免出错
if(!isset($_GET['nickname'])) exit;
```

```
$nm=$_GET['nickname'];//获得 URL 参数中的用户名
//从数据库获取个人身份证相片
$sql="select idjpgtype,idjpg from guestdata where nickname='$nm'";//构造查询字符
$dsn="mysql:host=localhost:3306;dbname=webdata";//构造 DSN 字符串
try {
    $pdo=new PDO($dsn,'root', 'root');//创建数据库对象
    $pdo->setAttribute(PDO::ATTR_ERRMODE, PDO::ERRMODE_EXCEPTION);
    $pds=$pdo->query($sql);//执行查询
    $pds->bindColumn(1, $it);    //绑定查询结果集的列到变量
    $pds->bindColumn(2, $idjpg,PDO::PARAM_LOB);        //绑定查询结果集的列到变量
    $pds->fetch(PDO::FETCH_BOUND);    //将查询结果集记录读出到绑定的变量中
    header("Content-Type:$it");//因为是输出图片，所以这里需设置 HTML 头
    echo $idjpg;//输出图片内容
    $pds=null;
    $pdo=null;
} catch (Exception $exc) {
    echo '出错啦：',$exc->getMessage();
}
```

3．实现注册数据修改功能

dochangecol.php 响应客户端 XMLHttpRequest 对象发送的请求，用客户端提交的数据修改数据库中的记录。dochangecol.php 实现修改注册数据功能，其代码如下。（源代码：\chapter9\dochangecol.php）

```
<?php
if(!isset($_POST['key'])) exit;//若无请求参数，则终止脚本
$key=$_POST['key'];//获得请求参数中的记录关键字值
$col=$_POST['colname'];//获得请求修改的列名
$newv=$_POST['newvalue'];//获得请求修改的新的列值
$sql="update guestdata set $col='$newv' where nickname='$key'";//构造更新操作字符串
$dsn="mysql:host=localhost:3306;dbname=webdata";    //构造 DSN 字符串
try {
    $pdo=new PDO($dsn,'root', 'root');
    $pdo->setAttribute(PDO::ATTR_ERRMODE, PDO::ERRMODE_EXCEPTION);
    $pdo->exec($sql); //执行查询
    $pdo=null;
    echo '成功完成修改操作！';
} catch (Exception $exc) {
    echo '出错啦：',$exc->getMessage();
}
```

4．实现身份证相片修改功能

savenewidjpg.php 响应身份证相片上传表单，将上传的身份证相片存入数据库对应记录字

段中，其代码如下。(源代码：\chapter9\savenewidjpg.php)

```php
<?php
if(!isset($_FILES['newidjpg'])) exit;          //若未上传文件，则终止脚本，不执行后继操作
if(!isset($_POST['nickname'])) exit;           //若无请求的 nickname 参数，则终止脚本
$ms=$_POST['MAX_FILE_SIZE'];                   //获得预设的上传文件最大值
$nm=$_POST['nickname'];                        //获得请求参数 nickname，作为当前用户名更
                                               //新记录

$file=$_FILES['newidjpg'];                     //获得上传文件的数组对象
if($file['error']!=0){
    $r='出错啦：身份证相片上传操作未完成！';   //若文件上传操作未完成，显
                                               //示错误信息

}elseif ($file['size']>$ms){
    $r='出错啦：身份证相片文件大小不能超过 100KB';  //若文件超过预设大小，显示
                                               //错误信息

}else{
    $dsn="mysql:host=localhost:3306;dbname=webdata";  //构造 DSN 字符串
    try {
        $pdo=new PDO($dsn,'root', 'root');
        $pdo->setAttribute(PDO::ATTR_ERRMODE, PDO::ERRMODE_EXCEPTION);
        $sql="update guestdata set idjpg=:idjpg,idjpgtype=:idjpgtype where nickname='$nm'";
        $pds=$pdo->prepare($sql);
        $fp = fopen($file['tmp_name'], 'rb');
        $pds->bindParam(':idjpg', $fp,PDO::PARAM_LOB);
        $pds->bindParam(':idjpgtype', $file['type'],PDO::PARAM_STR,20);
        $pds->execute();
        $pds=null;
        $pdo=null;
        $r='成功修改身份证相片！';
    } catch (Exception $exc) {
        $r='出错啦：'.$exc->getMessage();
    }
}
//完成图片处理操作后，输出客户端脚本，调用客户端函数显示处理结果
echo "<script language='javascript' type='text/javascript'>parent.hidejpgedit('$r','$nm');</script>" ;
```

9.4.4　注册用户管理功能实现

系统管理员成功登录后，跳转到注册用户管理页面如图 9.6 所示。下面对在注册用户管理页面中可执行的操作分别进行介绍。

- 单击"修改管理员登录密码"超链接，可修改系统管理员登录密码。
- 单击"显示相片"超链接，显示用户身份证相片。显示相片后，该超链接被修改为"隐

藏相片"。

- 单击"隐藏相片"超链接，可隐藏已显示的身份证相片。
- 单击"通过实名认证"超链接，将用户记录实名认证标志设置为1，页面中"已认证"列显示为"是"。
- 单击"删除"超链接，可删除该行对应的用户注册记录。

注册用户管理功能由注册用户管理页面（showusers.php）、修改系统管理员密码（dochangecol.php）、获取身份证相片（getidjpg.php）、修改实名认证标志（dochangecol.php）和删除注册记录（delete.php）等模块实现。dochangecol.php 和 getidjpg.php 在 9.4.3 小节中已经实现，通过传递不同参数即可完成修改操作。

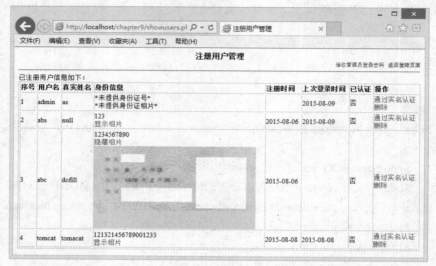

图 9.6　注册用户管理页面

1．实现注册用户管理页面

注册用户管理页面由 showusers.php 实现，其代码如下。（源代码：\chapter9\ showusers.php）

```html
<html>
<head>
    <meta charset="UTF-8">
    <title>注册用户管理</title>
    <style>
        table{border:solid #add9c0; border-width:1px;}
        td,th{border:solid #add9c0; border-width:0px 0px 1px 1px;
            padding-left:0px;font-size:13PX;}
        a{text-decoration: none; cursor: pointer;}
    </style>
</head>
<body style="font-size:13PX;">
    <div style="font-weight:bold;font-size:15PX; text-align:center">注册用户管理</div>
    <div style="font-size:10PX;text-align:right">
    <a href="#" onclick="changepwd()">修改管理员登录密码</a></div>
```

```php
<hr>
已注册用户信息如下：
<?php
    if(!isset($_SESSION['nickname'])){
        //若未登录，跳转到登录页面
        echo '<script>window.location ="index.php";</script>';
    }
    //构造查询字符串，从数据库返回所有非管理员用户注册数据
    //管理员只查看用户名、真实姓名、身份证号、注册时间、登录时间和实名认证标志等信息
    $sql="select nickname,realname,id,verified,idjpgtype,registertime,"
            . "lastlogtime from guestdata; where nickname<>'admin'";
    $dsn="mysql:host=localhost:3306;dbname=webdata";        //构造DSN字符串
    try {
    $pdo=new PDO($dsn,'root', 'root');
    $pdo->setAttribute(PDO::ATTR_ERRMODE, PDO::ERRMODE_EXCEPTION);
    $pds=$pdo->query($sql);                          //执行查询
    $rows=$pds->fetchAll(PDO::FETCH_ASSOC);//将查询结果集数据读取到二维数组中
    echo '<table width=100%><col width="5px"/>'.
            '<tr><th  align=left>序号</th><th  align=left>用户名</th><th  align=left>真实姓名</th>'
            . '<th align=left>身份信息</th><th align=left>注册时间</th><th align=left>'.
            '上次登录时间</th><th align=left>已认证</th><th align=left>操作</th></tr>';
    $n=1;
    foreach ($rows as $k=>$row){
        //将二维数组第一维映射到变量$row, $row 为一条记录对应的数组，用表格显示数据
        echo "<tr><td>",$n,"</td>";
        echo "<td id='nickname$n'>",$row['nickname'],"</td>";
        echo "<td>",(empty($row['realname'])?"*未提供*":$row['realname']),"</td>";
        echo "<td>",(empty($row['id'])?"*未提供身份证号*":$row['id']),'<br>';
        if(empty($row[idjpgtype]))
            echo'*未提供身份证相片*';
        else{
            echo '<span id="showhide'.$n.'"><a href="#" onclick="showjpg('
                    .$n.')">显示相片</a></span>';
        }
        echo '</td>';
        echo "<td>",$row['registertime'],"</td>";
        echo "<td>",$row['lastlogtime'],"</td>";
```

```php
            if($row['verified']==0){
                echo'<td id="verified'.$n.'">否</td>';
                //生成实名认证和删除链接，nickname（主键）作为 URL 参数
                echo '<td id="op'.$n.'"'"'><a href="#" onclick="verify(\".$row['nickname'].'\','
                        .$n.')">通过实名认证</a><br>'
                    ,'<a href="delete.php?nickname='.$row['nickname'].'">删除</a></td></tr>';
            }else{
                echo'<td id="verified'.$n.'">是</td>';
                //生成删除超链接，nickname（主键）作为 URL 参数
                echo '<td><a href="delete.php?nickname='.$row['nickname'].'">删除</a></td></tr>';
            }
            $n++;
        }
    echo '</table>';
    $pds=null;
    $pdo=null;
} catch (Exception $exc) {
    echo '<font color=red>出错啦：因为某种原因无法从后台获取个人数据！</font>';
}
?>
</body>
</html>
<script language="javascript" >
    var xmlhttp; //需要在多个函数中使用 XMLHttpRequest 对象，所以定义一个全局变量
    /*getxmlhttp()函数创建 XMLHttpRequest 对象,存入变量 xmlhttp
     */
    function getxmlhttp(){
        try {//用各种方法尝试创建 XMLHttpRequest 对象
            xmlhttp = new ActiveXObject("Msxml2.XMLHTTP");
        } catch(e){
        try {
            xmlhttp = new ActiveXObject("Microsoft.XMLHTTP");
        }catch(e){xmlhttp = false;}
        }
        if (!xmlhttp && typeof XMLHttpRequest != 'undefined'){
            //若前面的方法不成功，则使用下面的语句创建 XMLHttpRequest 对象
            xmlhttp = new XMLHttpRequest();
        }
    }
    /*verify(nickname,n)函数使用 XMLHttpRequest 对象请求服务器，将记录实名认证标
```

志设置为 1

      * 参数 nickname 为当前行记录用户名，作为关键字修改记录实名认证标志

      * 参数 n 为当前行的序号，用于确定脚本操作的 HTML 标记

      * 函数请求服务器端的 dochangecol.php 将记录实名认证标志设置为 1

      */

```
function verify(nickname,n){
        getxmlhttp();//调用函数生成 XMLHttpRequest 对象
        var args="key="+nickname+"&colname=verified&newvalue=1";//构造请求参数字符串
        xmlhttp.onreadystatechange=function(){
                if (xmlhttp.readyState===4 && xmlhttp.status===200){
                        var rt=xmlhttp.responseText;
                        alert(rt); //对话框显示服务器响应内容
                        if(rt.indexOf("错啦")===-1){
                                //服务器处理未出错，实名认证通过，修改页面中显示的认证状态
                                document.getElementById("verified"+n).innerText="是";
                                //已通过实名认证，在记录操作列中只显示删除链接
                                document.getElementById("op"+n).innerHTML=
                                '<a href="delete.php?nickname='+nickname+'">删除</a>';
                        }
                }
        };
        //以 POST 方式发起请求，FALSE 表示页面等待响应完成后才能执行其他操作
        xmlhttp.open("post","dochangecol.php",false);
        xmlhttp.setRequestHeader( "Content-Type" , "application/x-www-form-urlencoded" );
        xmlhttp.send(args);
}
```

/*showjpg(n)函数在单击网页中"显示相片"超链接时调用，在页面中添加 HTML 标记显示身份证相片

    * 参数 n 为记录所在行号，函数通过行号获得当前行用户名，在显示图片的<img>标记中

    * 请求服务器端的 getidjpg.php 获得对应的身份证相片

    */

```
function showjpg(n){
        var nm=document.getElementById('nickname'+n).innerText;
        document.getElementById('showhide'+n).innerHTML=
        '<a href="#" onclick="hidejpg('+n+')">隐藏相片</a><br>'+
        '<img id="idface'+n+'" src="getidjpg.php?nickname='+nm+'&'+Math.random()
                + '" width="300px" height="160px" /></span>';
}
```

/*hidejpg(n)在单击网页中"隐藏相片"超链接时调用，修改显示图片 HTML 标记，

以隐藏图片
```
        *参数 n 为记录所在行号
        */
        function hidejpg(n){
            document.getElementById('showhide'+n).innerHTML=
            '<a href="#" onclick="showjpg('+n+')">显示相片</a>';
        }
        /*changepwd()函数在单击页面中的"修改管理员登录密码"链接时调用，完成登录
密码修改
        *函数中首先使用网页对话框获得新密码，然后请求服务器端的 dochangecol.php 修
改密码
        */
        function changepwd(){
            newv=prompt("请输入新的密码","在这里输入新值");
            newv2=prompt("请再次输入新的密码","在这里输入新值");
            if(newv==null || newv!=newv2){
                alert('错啦：两次输入的密码不同或者未输入！');
                return;
            }
            var args="key=admin&colname=password&newvalue="+newv;//构造请求参数字符串
            getxmlhttp();    //调用函数生成 XMLHttpRequest 对象
            xmlhttp.onreadystatechange=function(){
                if (xmlhttp.readyState===4 && xmlhttp.status===200){
                    alert(xmlhttp.responseText );    //用对话框显示响应内容
                }
            };
            xmlhttp.open("post","dochangecol.php",false); //打开服务器连接
            xmlhttp.setRequestHeader( "Content-Type" , "application/x-www-form-urlencoded" );
            xmlhttp.send(args);//发送请求
        }
</script>
```

2. 实现删除注册记录功能

删除注册记录功能由 delete.php 实现，其代码如下。（源代码：\chapter9\delete.php）

```php
<?php
if(!isset($_GET['nickname'])) exit;//若无 nickname 参数，则终止脚本，不执行后继删除操作
$nm=$_GET['nickname'];//获得 nickname 参数
$sql="delete from guestdata where nickname='$nm'" ;        //构造删除操作SQL 命令字符串
$dsn="mysql:host=localhost:3306;dbname=webdata";          //构造 DSN 字符串
try {
    $pdo=new PDO($dsn,'root', 'root');                    //创建 PDO 对象连接数据库
```

```
$pdo->setAttribute(PDO::ATTR_ERRMODE, PDO::ERRMODE_EXCEPTION);
$pdo->exec($sql);                                   //执行 SQL 命令删除记录
$pdo=null;
echo '成功删除注册用户！'
   .'<a href="showusers.php">返回注册用户管理</a>页面   ';
} catch (Exception $exc) {
   echo '出错啦：',$exc->getMessage();
}
```

9.4.5　实现密码重置功能

在用户管理密码时，可通过密码重置功能修改登录密码，其具体操作如下。

（1）在登录页面中单击"忘记密码？"超链接，打开"忘记密码"页面，如图 9.7 所示。

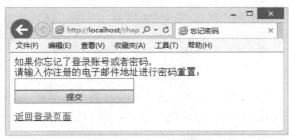

图 9.7　"忘记密码"页面

（2）在页面中输入注册的电子邮件地址，单击 提交 按钮。服务器验证提交的电子邮件地址。若为已注册电子邮件地址，则向该地址发送一封密码重置邮件。邮件内容如图 9.8 所示。

图 9.8　密码重置邮件

（3）用户登录邮箱，单击邮件中的"密码重置"超链接，打开密码重置页面，如图 9.9 所示。

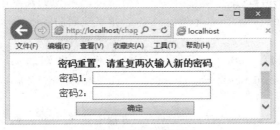

图 9.9　密码重置页面

（4）在页面中两次输入新的密码，单击 ▓▓▓▓▓ 确定 ▓▓▓▓▓ 按钮完成密码重置操作。密码修改完成后，跳转到登录页面。

本例中介绍如何向用户指定电子邮件地址发送电子邮件，其步骤作为作业请大家自行实现。

密码重置邮件发送功能由 sendcheckmail.php 实现，其代码如下。（源代码：\chapter9\sendcheckmail.php）

```php
<?php
if(!isset($_POST['email'])){
    //若请求中无 email 参数，返回忘记密码页面，要求用户输入电子邮件地址
    echo '<script>window.location ="forget.php";</script>';
}
$email=$_POST['email'];//获得用户输入的电子邮件地址
if(trim($email)==""){//电子邮件地址不允许为空白字符串，该检测不是必须的
    echo '输入的电子邮件地址不正确！<a href="forget.php">返回</a>';
    exit;
}
//创建查询字符串，从数据库中查找匹配用户输入的电子邮件地址的记录
$sql="select nickname,email from guestdata where email='$email'";
$dsn="mysql:host=localhost:3306;dbname=webdata";
try {
    $pdo=new PDO($dsn,'root', 'root');            //创建 PDO 对象，连接数据库
    $pdo->setAttribute(PDO::ATTR_ERRMODE, PDO::ERRMODE_EXCEPTION);
    $pds=$pdo->query($sql);                       //执行查询
    $r=$pds->fetch(PDO::FETCH_ASSOC);             //将查询结果集中的记录读入数组对象
    if($r==false){
        //$r==false 说明电子邮件地址未注册，显示错误提示信息。
        echo '你输入的 E-mail 地址未注册，<a href="forget.php">返回</a>';
    }else{
        //电子邮件地址已注册，准备发送电子邮件
        //获取数据库中电子邮件地址记录的用户名，作为密码重置链接的 URL 参数
        $name=$r['nickname'];
        require 'PHPMailerAutoload.php';    //加载电子邮件发送类
        $mail = new PHPMailer;              //创建用于发送电子邮件的 PHPMailer 对象
        $mail->isSMTP();                    //指定使用 SMTP 协议发送电子邮件
        $mail->Host = 'smtp.qq.com';        //指定使用 QQ 邮箱的 SMTP 服务器用于发送
                                            //电子邮件
        $mail->SMTPAuth = true;             //启用 SMTP 授权
        $mail->Username = '*@qq.com';       //指定登录 SMTP 服务器的用户名，实现时*
                                            //替换为 QQ 号
        $mail->Password = '*';              //指定登录 SMTP 服务器的密码，实现时*替
```

```
                                        换为密码
        $mail->SMTPSecure = 'ssl';          //启用 ssl
        $mail->Port =465;                   //设置 SMTP 端口号
        $mail->From = $mail->Username;      //指定发件人 E-mail 地址，与用户名一致
        $mail->FromName = '系统管理员';            //指定发件人名称
        $mail->addAddress($email, '重置密码');        //指定收件人地址和邮件标题
        $mail->isHTML(true);                //设置邮件内容为 HTML 格式
        //定义密码重置链接 URL，其中的用户名用 MD5()函数加密，避免泄露
        $url= 'http://localhost/resetpassword.php?key='.md5($name);
        $mail->Subject = '密码重置'; //设置邮件主题
        $mail->Body    = '这是一封密码重置邮件，如果你未申请密码重置，请忽略该
                        邮件！<br>'
              .'如果你申请了密码重置，请单击下面的链接进行密码重置<br><a href="'
              . $url .'">密码重置</a>';
        $mail->AltBody = '这是一封密码重置邮件，如果你未申请密码重置，请忽略该
邮件！<br>'
              .'如果你申请了密码重置,请URL复制到浏览器地址栏进行密码重置\n'. $url;
        if(!$mail->send()) {
            echo '邮件发送错误，请检查你输入的 E-mail 地址是否正确,<a href="forget.
php">返回</a>';
            echo '<br>出错了：'. $mail->ErrorInfo;
        } else {
            echo '密码重置邮件已发送到你的邮箱，请及时查收！';
        }
    }
    $pds=null;
    $pdo=null;
} catch (Exception $exc) {
    echo '<font color=red>出错啦：因为某种原因暂时无法从后台获取个人数据！</font>';
}
```

9.5　巩固练习

（1）编写代码实现：Web 用户管理系统登录验证超过 3 次则进行锁定，24 小时后才允许重新登录。

（2）本章 9.4.5 小节中密码重置功能包括 4 个步骤，步骤（2）已经实现，请实现其他 3 个步骤。

PART 10

项目十
在线图书商城

在线购物因其方便、快捷，已成为人们购物的一种重要途径。根据艾瑞咨询数据显示，2014 年中国网络购物市场交易规模达到 2.8 万亿元，相当于社会消费品零售总额的 10.7%。典型的在线购物平台有天猫、京东、唯品会、1 号店、国美和苏宁易购等。本章通过在线图书商城实例说明如何使用 PHP 实现购物网站。

项目要点

- 系统设计
- 数据库设计
- 开发准备
- 系统功能模块实现

具体要求

- 掌握系统设计的方法
- 掌握实现图书类别管理功能
- 掌握图书记录添加功能的实现方法
- 掌握图书记录修改功能的使用方法

10.1 系统设计

系统设计主要说明系统主要功能模块、开发运行环境和系统业务流程图。下面分别对其进行介绍。

10.1.1 系统主要功能模块

在线图书商城包含的主要功能模块如下。

- 商城首页：作为商城所有业务流程的起点，提供用户登录、注册、购物车查看、订单查看、商品搜索、商品分类导航、推荐商品展示以及分类商品部分展示等各种超链接。

- 商品展示：显示商品的详细信息以及相关商品推荐信息，用户可将指定数量的商品添加到购物车。
- 商品搜索：用户输入搜索关键字查找商品，过多的搜索结果将分页显示。用户在搜索结果中可直接将商品加入购物车，也可单击超链接查看商品详细信息。
- 用户登录：购物车和订单生成都需要使用用户信息。用户成功登录后，其信息保存在 Session 对象中，并根据用户类型导航到不同页面。普通用户重新回到商城首页进行购物。系统管理员导航到商城后台数据管理页面，执行各种管理操作。
- 新用户注册：用于填写注册用户名、登录密码、Email、收货人姓名、收货地址、联系人电话等信息。
- 注册用户管理：系统管理员登录后可查看所有用户的注册数据，并可删除用户注册记录。
- 个人信息管理：已注册用户登录后可以查看和修改个人注册信息。
- 图书数据管理：系统管理员登录后，可执行图书数据管理操作。图书数据管理包括图书类别管理、添加图书记录和对已有图书数据进行管理。管理已有图书数据又分为推荐销售图书管理、图书记录修改和图书记录删除等操作。
- 购物车管理：在浏览商品时，单击页面中的"加入购物车"超链接将商品添加到购物车。单击页面中的"我的购物车"超链接，可显示购物车内容，并可执行修改购物车商品数量、删除商品以及提交订单等操作。
- 订单管理：单击页面中"我的订单"超链接，可查看所有订单内容，也可删除对应订单。

10.1.2　开发运行环境

下面分别对 Web 用户管理系统开发运行环境进行介绍。

- 开发平台：Windows 8.1。
- 运行平台：各种 Windows 平台。
- Web 服务器：IIS。
- 数据库管理系统：MySQL。

10.2.3　系统业务流程图

在线图书商城业务流程图如图 10.1 所示。

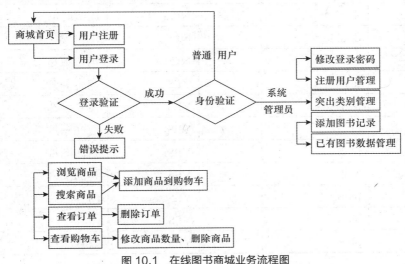

图 10.1　在线图书商城业务流程图

10.2 数据库设计

Web 应用程序项目后台数据库通常根据业务需求进行设计，并在数据库管理系统中创建需要的数据库和表，在表中添加必要的初始数据，以便于程序的开发和调试。

10.2.1 数据库概要说明

在线图书商城数据主要有图书数据、订单数据、图书类别数据、推荐商品数据和用户数据。将在线图书商城数据库命名为 onlinemall，各种数据对应的表依次命名为 books、orders、recomment、types 和 users。

10.2.2 数据库表结构

设计初期需给出各个数据库表基本结构，在开发过程中也会根据需要对结构进行修改。下面对数据库表的结构分别进行介绍。

1．图书数据表

图书数据表 books 保存图书详细信息，其结构如表 10.1 所示。

表 10.1　books 表结构

列名	数据类型	大小	允许空值	说明
id	int		NO	图书编号，主键、自动增量
tid	int		NO	图书类别 id
name	varchar	100	YES	图书名称
writer	varchar	100	YES	图书作者
publisher	varchar	100	YES	出版社
isbn	varchar	20	NO	ISBN
version	tinyint		NO	版次
size	Tinyint		NO	开本
pages	int		NO	页数
publishtime	date		NO	出版时间
price	double		NO	定价
salecount	int		NO	销售数量
brief	text		YES	内容简介
catalog	text		YES	目录
facepic1	blob		YES	封面图片
facepic2	blob		YES	封面图片
facepic3	blob		YES	封面图片
contentpic1	blob		YES	内容图片
contentpic2	blob		YES	内容图片
contentpic3	blob		YES	内容图片

列名	数据类型	大小	允许空值	说明
contentpic4	blob		YES	内容图片
contentpic5	blob		YES	内容图片
pack	char	4	NO	图书包装类型
paper	char	6	YES	图书纸张类型
discount	float		YES	销售折扣
pictype1	char	10	YES	封面图片文件类型
pictype2	char	10	YES	封面图片文件类型
pictype3	char	10	YES	封面图片文件类型
pictype4	char	10	YES	内容图片文件类型
pictype5	char	10	YES	内容图片文件类型
pictype6	char	10	YES	内容图片文件类型
pictype7	char	10	YES	内容图片文件类型
pictype8	char	10	YES	内容图片文件类型
sprompt	varchar	200	YES	促销信息

2.订单数据表

订单数据表 orders 保存订单信息，其结构如表 10.2 所示。

表 10.2　orders 表结构

列名	数据类型	大小	允许空值	说明
id	int		NO	订单编号、主键、自动编号
orderin	text		YES	保存订单序列化字符串
orderdate	char	20	YES	订单提交日期
user_id	int		YES	用户 ID
finish	bit		YES	订单是否完成
receiver	char	10	YES	收货人姓名
address	varchar	100	YES	收货地址
phone	char	11	YES	联系电话
total	float		YES	订单总价格

购物车中存储每种商品的 id 和数量，在提交订单时，购物车序列作为字符串，存入数据表中。在查看订单时，通过查看序列订单得到商品 id 和数量。

3.用户数据表

用户数据表 users 保存用户注册信息，其结构如表 10.3 所示。

表 10.3 users 表结构

列名	数据类型	大小	允许空值	说明
id	int		NO	用户 id，主键、自动编号
name	varchar	15	NO	用户名
password	varchar	15	NO	登录密码
email	varchar	25	NO	E-mail 账号
receiver	varchar	10	NO	默认收货人姓名
address	varchar	100	NO	默认收货地址
phone	varchar	11	NO	默认联系人电话
regdate	date		NO	注册日期
logdate	date		YES	登录日期
level	tinyint		YES	用户类别，0 表示普通用户，1 表示系统管理员

4．图书类别数据表

图书类别数据表 types 保存图书类别信息，其结构如表 10.4 所示。

表 10.4 types 表结构

列名	数据类型	大小	允许空值	说明
id	int		NO	类型编号，主键、自动增量
name	varchar	20	NO	类型名称，唯一索引
super	int		YES	父类别 id
level	tinyint		NO	类型级别（分 0、1、2 三级）
supername	varchar	20	YES	父类别名称
grand	int		YES	祖父类 id
grandname	varchar	20	YES	祖父类名称

5．推荐商品数据表

推荐商品数据表 recomment 保存商城首页推荐商品信息，其结构如表 10.5 所示。

表 10.5 recomment 表结构

列名	数据类型	允许空值	说明
id	int	NO	推荐商品编号，主键、自动增量
bookid	Int	NO	图书编号，唯一索引（即不允许重复推荐）

10.3 开发准备

开发准备工作主要包括创建项目文件夹、配置 IIS、配置 php.ini、创建 PHP 项目、创建 MySQL 数据库等操作。

10.3.1　创建项目文件夹

在系统磁盘中创建一个文件夹，用于存储 Web 用户管理系统项目的各种文件，本章中使用的文件夹名称为 chapter10。

10.3.2　配置 IIS

为 IIS 默认 Web 站点创建一个虚拟目录，名称指定为 chapter10，映射到项目文件夹。为虚拟目录添加默认文档 index.php 和 php-cgi.exe 模块映射。具体操作请参考第 1 章相关内容。

10.3.3　配置 php.ini

本例中 php.ini 配置与第 9 章相同，不再介绍。

10.3.4　创建 PHP 项目

在 NetBeans 中创建一个 PHP 项目，项目名称为 chapter10，项目文件夹使用前面创建chapter10。

10.3.5　创建 MySQL 数据库

在 NetBeans 中使用服务窗口连接至 MySQL 服务器，然后创建数据库和各个表。在 users表中添加一条记录作为默认系统管理员账户，用户名为 admin，password 为 123。在 NetBeans中的 MySQL 数据库进行操作可参考第 8.2.1 小节。

10.4　系统功能模块实现

本章主要实现图书类别管理、图书记录添加、图书记录修改、图书数据管理、商城首页和购物车功能等模块。用户登录、新用户注册、注册用户管理和个人信息管理等模块请读者参考第 9 章和本章源代码自行实现。

10.4.1　实现图书类别管理功能

在线图书商城图书种类分 1、2 和 3 三个级别（数据库中分别对应 0、1、2），1 级将作为内容的导航窗口。若想更加快速的管理图书，需首先实现图书类别管理功能，为数据库添加图书类别，以便实现后期其他模块的分批加入。

图书类别管理页面如图 10.2 所示。

下面分别对在图书类别管理页面中可执行的操作进行介绍。

- 单击"返回首页"超链接，返回商城首页。
- 单击"返回管理页面"超链接，返回系统管理员管理操作导航页面。
- 添加新的图书类别。在对应类别栏的"请输入新的类别名称"框中输入新类别名称，再单击 添加新类 按钮完成添加新类别操作。
- 修改类别名称。单击"修改类名称"超链接，用对话框输入新的名称来代替当前行类别名称。
- 删除图书类别。单击"删除"超链接，可删除该行中的图书类别记录。若该类包含了子类别，则不允许删除。
- 查看子类。单击"查看子类"超链接，在页面中显示该类包含的子类。

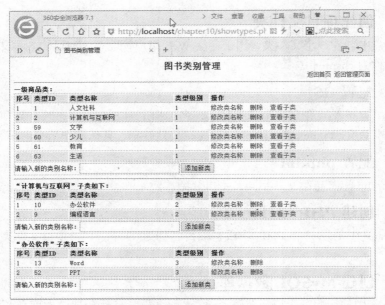

图 10.2　图书类别管理页面

　　所有图书类别操作均使用 AJAX 技术与 PHP 服务器端处理结合完成。图书类别管理由showtypes.php（实现图书类别管理页面）、addnewtype.php（添加图书类别记录）、deletetype.php（删除图书类别记录）、updatetablecol.php（修改图书类别）和 gettypestable.php（获得指定级别的图书类列表）等文件实现。

1．实现图书类别管理页面 showtypes．php

showtypes.php 代码如下。（源代码：\chapter10\.php）

```
<html>
<head>
    <title>图书类别管理</title>
    <meta charset="UTF-8">
    <style>
        body{font-size:13px}
        table{border:solid #add9c0; border-width:1px;font-size:13px}
        td,th{border:solid #add9c0; border-width:0px 0px 1px 0px;}
        .addnew{border:solid #add9c0; border-width:0px 0px 1px 1px;}
        a{text-decoration:none}
    </style>
</head>
<body><div style="text-align:center;font-size:18px"><b>图书类别管理</b></div>
    <div style="text-align:right;font-size:12px;"><a href="index.php">返回首页</a>
        <a href="malldatamanage.php">返回管理页面</a></div><hr>
    <!--用多个 DIV 元素构建图书类别页面基本框架-->
    <div id="types1"></div><div id="addnew1" class="addnew"></div>
    <div id="types2"></div><div id="addnew2" class="addnew"></div>
```

```
    <div id="types3"></div><div id="addnew3" class="addnew"></div>
</body>
</html>
<script language="javascript" >
    //getxmlhttp()函数创建 XMLHttpRequest 对象，存入变量 xmlhttp
    function getxmlhttp(){
        var xmlhttp;
        try {//用各种方法尝试创建 XMLHttpRequest 对象
            xmlhttp = new ActiveXObject("Msxml2.XMLHTTP");
        } catch(e){
        try {
            xmlhttp = new ActiveXObject("Microsoft.XMLHTTP");
        }catch(e){xmlhttp = false;}
        }
        if (!xmlhttp && typeof XMLHttpRequest != 'undefined'){
            //若前面的方法不成功，则使用下面的语句创建 XMLHttpRequest 对象
            xmlhttp = new XMLHttpRequest();
        }
        return xmlhttp;
    }


    /*showsubtypes()函数从服务器获得指定类的子类表
    *参数 tid 为子类的父类型 id，一级类的父类型 id 为 0
    *level 为类型级别，用于确定显示处理结果的 DIV 元素 id
    *参数 supername,grandname,grandid 分别为父类名称、祖父类名称和祖父类 id
    *用于生成添加图书类操作链接参数，这样在添加类型无需其他操作来获得这几个参数
    *子类表包含表格标题，如"一级商品类："或"人文社科"子类如下："，以及
子类表格
    *标题直接在 JS 代码中生成，子类表格用 XMLHttpRequest 对象请求服务器 PHP 文
件生成
    *服务器端的 gettypestable.php 根据请求参数中包含的父类型 id，返回其子类表格
    **/
    function showsubtypes(tid,level,supername,grandname,grandid){
        var title;
        if(level==0){
            title="<b>一级商品类：</b>";
        }else{
            var supername=document.getElementById("typename"+tid).innerText;
            title="<hr><b> ""+supername+"" 子类如下：</b>"
        }
```

```
                    level=level+1;
                    var addnew='请输入新的类别名称： '+
                                 '<input type="text" id="newname'+level+'" value="" style="width:200px"/>'+
                                 '<input type="button" value="添加新类" onclick="doaddtype('
                                 +tid+','+level+',\"'+supername+'\',\"'+grandname+'\','+grandid+')"/>';
                    var xmlhttp=getxmlhttp();//调用函数生成 XMLHttpRequest 对象
                    xmlhttp.onreadystatechange=function(){
                        if (xmlhttp.readyState===4 && xmlhttp.status===200){
                            var rt=xmlhttp.responseText;
                            document.getElementById("types"+level).innerHTML=title+rt;
                            document.getElementById("addnew"+level).innerHTML=addnew;
                            if(level==2){
                                document.getElementById("types3").innerHTML="";
                                document.getElementById("addnew3").innerHTML="";
                            }
                        }
                    };
                    xmlhttp.open("GET","gettypestable.php?super="+tid,false);
                    xmlhttp.send();
                }
                showsubtypes(0,0,"","",0);//在页面加载时，显示一级类型类别，子类通过页面链接动态
加载显示


                /*doaddtype()函数向服务器提交添加的图书类别各个数据项，由服务器程序完成记录
添加操作
                 * 参数 superid 为父类 id，level 为类型级别，supername 为父类名称
                 * grandname 为祖父类名称，grandid 为祖父类 id
                 * 服务器端的 addnewtype.php 完成图书类别记录添加操作 */
                function doaddtype(superid,level,supername,grandname,grandid){
                    var tname=document.getElementById("newname"+level).value;
                    if(tname==""){
                        alert("类型名称不允许为空值！ ");
                        return;
                    }
                    var xmlhttp=getxmlhttp();//调用函数生成 XMLHttpRequest 对象
                    var args="typename="+tname+"&super="+superid+"&level="+level
                            +"&supername="+supername+"&grandname="+grandname+"&grandid=
"+grandid;//构造请求参数字符串
                    xmlhttp.onreadystatechange=function(){
                        if (xmlhttp.readyState===4 && xmlhttp.status===200){
```

```
                var rt=xmlhttp.responseText;
                if(rt.indexOf("错啦")>-1){
                        alert(rt); //对话框显示服务器响应内容
                }else{
                        showsubtypes(superid,level-1);
                }
            }
        };
        //以 POST 方式发起请求，FALSE 表示页面等待响应完成后才能执行其他操作
        xmlhttp.open("post","addnewtype.php",false);
        xmlhttp.setRequestHeader("Content-Type","application/x-www-form-urlencoded");
        xmlhttp.send(args);
}
```

/*dodelete()函数向服务器提交删除图书类别请求，由服务器端程序完成删除记录操作

　*删除记录后，页面中的数据应同步刷新，参数 superid 和 level 用于决定要刷新的子类表格

　*参数 typeid 为要删除的图书类别记录 id，作为请求删除传递给服务器端处理程序

　服务器端由 deletetype.php 按完成删除图书类别记录操作/

```
function dodelete(superid,typeid,level){
    var xmlhttp=getxmlhttp();//调用函数生成 XMLHttpRequest 对象
    xmlhttp.onreadystatechange=function(){
        if (xmlhttp.readyState===4 && xmlhttp.status===200){
            var rt=xmlhttp.responseText;
            if(rt.indexOf("错啦")>-1){
                    alert(rt); //对话框显示服务器响应内容
            }else{
                    showsubtypes(superid,level-1);//刷新页面
            }
        }
    };
    //以 POST 方式发起请求，FALSE 表示页面等待响应完成后才能执行其他操作
    xmlhttp.open("get","deletetype.php?typeid="+typeid,false);
    xmlhttp.send();
}
```

/*edittypename()函数向服务器请求修改图书类别名称，由服务器端程序完成记录修改操作

　*参数 typeid 为要修改名称的图书类记录 id，新的类名称用对话框输入

　*服务器端由 updatetablecol.php 完成修改操作，为提高代码利用率，updatetablecol.php 设计为

　*可修改指定表的指定字段。参数指定表名称、关键字值、修改字段的名称和字段

的新值 */

```
        function edittypename(typeid){
            var oldname=document.getElementById("typename"+typeid).innerText;
            var typename=prompt("请输入新的类型名称：",oldname);
            if(typename==null || typename==oldname){
                alert("类型名称不能为空字符串，也不能与原名称相同！");return;
            }
            var xmlhttp=getxmlhttp();//调用函数生成 XMLHttpRequest 对象
            //构造请求参数字符串
            var args= "tablename=types&key="+typeid+"&colname=name&value="+typename;
            xmlhttp.onreadystatechange=function(){
                if (xmlhttp.readyState===4 && xmlhttp.status===200){
                    var rt=xmlhttp.responseText;
                    alert(rt); //对话框显示服务器响应内容
                    if(rt.indexOf("错啦")==-1){//在完成修改后，更新页面中的名称
                        document.getElementById("typename"+typeid).innerText=typename;
                    }
                }
            };
            xmlhttp.open("get","updatetablecol.php?"+args,true); //打开服务器链接
            xmlhttp.send(); //发送请求
        }
</script>
```

2．实现添加图书类别记录 addnewtype.php

addnewtype.php 代码如下。（源代码：\chapter10\ addnewtype.php）

```php
<?php
if(!isset($_POST['typename'])) exit; //没有请求参数时，不执行后继操作
//获得请求参数中的各个数据项
$name=$_POST['typename'];
$super=$_POST['super'];
$leve=$_POST['level'];
$sname=$_POST['supername'];
//在客户端 JS 提交的请求参数中，一级类的父类和祖父类都为空
//若数据为空字符串，则服务器端得到的数据为 undefined，所以需要进一步处理
$sname=($sname=='undefined')?'':$sname;
$gname=$_POST['grandname'];
$gname=($gname=='undefined')?'':$gname;
$grandid=$_POST['grandid'];
$grandid=($grandid=='undefined')?0:$grandid;
$sql="insert into types values(null,'$name',$super,$leve,'$sname',$grandid,'$gname')";
```

```php
echo $sql;
    $dsn="mysql:host=localhost:3306;dbname=onlinemall";        //构造 DSN 字符串
try {
    $pdo=new PDO($dsn,'root', 'root');
    $pdo->setAttribute(PDO::ATTR_ERRMODE, PDO::ERRMODE_EXCEPTION);
    $pds=$pdo->exec($sql);                                      //执行查询
    echo '<script>window.location ="showtypes.php";</script>';
} catch (Exception $exc) {
    echo '<font color=red>出错啦：'.$exc->getMessage().'</font>';
}
```

3．实现删除图书类别记录 deletetype．php

deletetype.php 代码如下。（源代码：\chapter10\ deletetype.php）

```php
<?php
if(!isset($_GET['typeid'])) exit;
$id=$_GET['typeid'];
$dsn="mysql:host=localhost:3306;dbname=onlinemall";            //构造 DSN 字符串
try {
    $pdo=new PDO($dsn,'root', 'root');
    $pdo->setAttribute(PDO::ATTR_ERRMODE, PDO::ERRMODE_EXCEPTION);
    $sql="select count(*) from types where super=$id";
    $pds=$pdo->query($sql);                             //执行查询
    $rows=$pds->fetchColumn();                          //将查询结果读取到变量$row 中
    if($rows>=1){//在有子类时，不执行删除操作
        echo '<font color=red>出错啦：';
        echo '该类包含多个子类，不允许删除！</font>';
        echo '<a href="showtypes.php">返回</a>';
    }else{//在无子类时，执行删除操作
        $sql="delete from   types where id=$id" ;
        $pds=$pdo->exec($sql);                          //执行查询
    }
} catch (Exception $exc) {
    echo '<font color=red>出错啦：'.$exc->getMessage().'</font>';
}
```

4．实现修改图书类别 updatetablecol．php

updatetablecol.php 设计为可重复使用,通过参数指定要修改的数据表名称、关键字字段值、要修改的字段名称以及新的字段值。

updatetablecol.php 代码如下。（源代码：\chapter10\updatetablecol.php）

```php
<?php
if(!isset($_GET['tablename'])) exit;                  //若无请求参数，则不执行后续
操作
```

```php
$tname=$_GET['tablename'];
$key=$_GET['key'];
$colname=$_GET['colname'];
$newval=$_GET['value'];
$sql="update $tname set $colname=? where id=$key" ;          //构造 update 字符串
    $dsn="mysql:host=localhost:3306;dbname=onlinemall"; //构造 DSN 字符串
try {
    $pdo=new PDO($dsn,'root', 'root');
    $pdo->setAttribute(PDO::ATTR_ERRMODE, PDO::ERRMODE_EXCEPTION);
    $pds=$pdo->prepare($sql);                            //执行查询
    $pds->bindParam(1, $newval);
    $pds->execute();
    echo '字段修改成功！ ';
} catch (Exception $exc) {
    echo '<font color=red>出错啦。'.$exc->getMessage().'</font>';
}
```

5．实现获得指定级别的图书类列表 gettypestable.php

gettypestable.php 代码如下。（源代码：\chapter10\ gettypestable.php）

```php
<?php
    $super=0;
    if(isset($_GET['super'])) $super=$_GET['super'];
    $sql="select * from types where super=$super" ;
    $dsn="mysql:host=localhost:3306;dbname=onlinemall";          //构造 DSN 字符串
try {
    $pdo=new PDO($dsn,'root', 'root');
    $pdo->setAttribute(PDO::ATTR_ERRMODE, PDO::ERRMODE_EXCEPTION);
    $pds=$pdo->query($sql);                      //执行查询
    $rows=$pds->fetchAll(PDO::FETCH_ASSOC);//将查询结果集数据读取到二维数组中
    echo '<table width=100%><col width="5%"/><col width="10%"/><col width="30%"/>'
            . '<col width="10%"/><tr style="background-color:#EEEEEE"><th align=left>'
            .'序号</th><th align=left>类型 ID</th><th align=left>类型名称</th>'
            . '<th align=left>类型级别</th><th align=left>操作</th></tr>';
    $n=1;
    foreach ($rows as $k=>$row){
        if($n%2==0) echo '<tr style="background-color:#EEEEEE">';
            else echo '<tr>';
        echo "<td>",$n,"</td>";
        $tid=$row['id'];
        $name=$row['name'];
        $level=$row['level'];
```

```php
    $sname=$row['supername'];
    $grand=$row['grand'];
    $gname=$row['grandname'];
    $sname=(empty($sname))?'':$sname;
    $gname=(empty($gname))?'':$gname;
    $grand=(empty($grand))?0:$grand;
    echo "<td id='typeid$tid'>",$tid,"</td>";
    echo "<td id='typename$tid'>",$name ,"</td>";
    echo "<td>",$level ,"</td>";
    //修改和删除链接，id（主键）作为 URL 参数
    echo '<td><a href="#" onclick="edittypename('.$tid.')">修改类名称</a>  '
        ,'<a href="#" onclick ="dodelete('.$super.','.$tid.','
            .$level.')">删除</a>  ';
    if($level<3)
        echo    "<a href=\"#\" onclick=\"showsubtypes($tid,$level,"
        . "'$sname','$gname',$grand)\">查看子类</a>";
    echo '</td></tr>';
    $n++;
    }
    echo '</table>';
} catch (Exception $exc) {
    echo '<font color=red>出错啦：'.$exc->getMessage().'</font>';
}
```

10.4.2　实现图书记录添加功能

图书记录数据是实现图书功能模块的基础，所以首先实现图书记录添加功能是必不可少的。图书记录添加页面如图 10.3 所示。

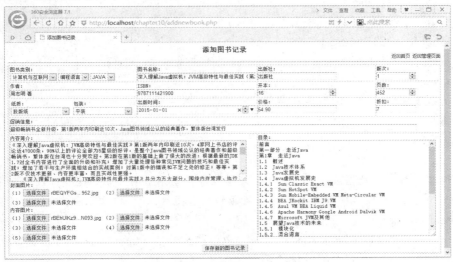

图 10.3　图书记录添加页面

在页面中输入了图书记录的各个数据项后，单击 保存新的图书记录 按钮保存记录。也可单击页面右上角的超链接返回首页或管理页面。

图书记录添加页面由 addnewbook.php 实现，其代码如下。（源代码：\chapter10\addnewbook.php）

```
<!DOCTYPE html>
<html>
<head>
    <meta charset="UTF-8">
    <title>添加图书记录</title>
    <style>
        body{font-size:13px}
        table{border:solid #add9c0; border-width:1px;font-size:13px}
        select,input{border-width:1px;font-size:13px}
        td{ border-width:0px;vertical-align:top;border:solid #aed9c0;border-width:0  0  1px
1px;}

        .no{border:0 none;}
        .addnew{border:solid #add9c0; border-width:0px 0px 1px 1px;}
        a{text-decoration:none}
    </style>
</head>
<body><div style="text-align:center;font-size:18px"><b>添加图书记录</b></div>
    <div style="text-align:right;font-size:12px;"><a href="index.php">返回首页</a>
        <a href="malldatamanage.php">返回管理页面</a>
    </div>
    <hr>
<?php
if(isset($_POST['types3'])){
    //若请求数据中包含请求参数，则从$_POST读取各个数据项参数
    $tid=$_POST['types3'];
    …… //限于篇幅，省略部分代码，请读者查看本书源代码
}else{
    //第 1 次调用时，没有请求参数，设置各个数据项的初始值
    $name="";
    ……
}?>
<!--构建图书记录数据录入表单，表单处理程序为当前php文件。这样可在页面中显示上
次请求提交的数据。表单中需要上传图书封面和内容图片，所以表单 enctype 属性应设置为
"multipart/form-data" -->
    <form action="addnewbook.php" method="POST" enctype="multipart/form-data">
    <table border="1px" width="100%" >
```

```
        <col width="25%"/><col width="25%"/><col width="25%"/>
        <tr>
            <!--图书类别列表利用 AJAX 技术在后台异步动态生成，显示在三个 span 元素中-->
            <td>图书类别：<br><nobr><span id="level1"></span>
                <span id="level2"></span><span id="level3"></span></nobr>
            </td>
            <td >图书名称：<br><input type="text" name="bookname" value="<?=$name?>"
                            style="width:300px" maxlength="100"/>
            </td>
            ……
</table>
</form>
<?php
if(isset($_POST['types3'])){
    //在有请求数据时，处理各个图片上传字段
    $f1=$_FILES['face1'];
    if($f1['error']==0){
        //若完成了图片上传，则打开上传的临时文件，以便用文件指针将文件存入数据库
        $fp1 = fopen($f1['tmp_name'], 'rb');
        $pictype1=$f1['type'];
    }else{
        $fp1=null;
        $pictype1=null;
    }
    $f2=$_FILES['face2'];
    ……
    //构造添加记录的 SQL 命令字符串，使用?代替参数
    //id 字段为自动增量，所以设置为 null 让数据库自动产生字段值
    $sql="insert into books(id,tid,name,writer,publisher,isbn,version,size,pages,"
        . "publishtime,price,salecount,brief,catalog,facepic1,facepic2,facepic3,"
        . "contentpic1,contentpic2,contentpic3,contentpic4,contentpic5,"
        . "pack,paper,discount,pictype1,pictype2,pictype3,pictype4,"
        . "pictype5,pictype6,pictype7,pictype8,sprompt) "
        . "values(null,?,?,?,?,?,?,?,?,?,?,0,?,?,?,?,?,?,?,?,?,?,?,?,?,?,?,?,?,?,?,?,?,?,?)";
    $dsn="mysql:host=localhost:3306;dbname=onlinemall";        //构造 DSN 字符串
try {
        //创建 PDO 对象，连接到数据库
        $pdo=new PDO($dsn,'root', 'root');
        //设置 PDO 对象属性，在数据库操作出错时，所有错误用异常方式抛出
        $pdo->setAttribute(PDO::ATTR_ERRMODE, PDO::ERRMODE_EXCEPTION);
```

```
        //调用 PDO 对象方法，准备参数查询
        $pds=$pdo->prepare($sql);
        //按顺序绑定各个图书数据项变量到参数
        $pds->bindParam(1, $tid);
        ……
        $pds->bindParam(13,$fp1,PDO::PARAM_LOB);
        ……
        //添加的记录包含多个数据项和图片文件，所以用 PDO 开启事务来执行添加记
录操作

        $pdo->beginTransaction();
        $pds->execute();            //执行已准备的参数查询
        $pdo->commit();            //提交事务，完成添加记录操作
        $pds=null;
        $pdo=null;
        echo "<script language='javascript'>alert('图书记录已成功添加到数据库');</script>" ;
    } catch (Exception $exc) {
        $s='出错啦：\n'.$exc->getMessage().'\n 各个下拉列表选项和文件需要重新选择';
        echo "<script language='javascript'>alert('",$s,"');</script>" ;
    }
}?>
</body>
</html>
<script language="javascript" >
/*showbooktype()函数通过 XMLHttpRequest 对象异步在后台从服务器获取图书类别
* 参数 tsuper 为父类别 id，tlevel 为图书类别的级别（0、1 或 2）
* 在添加图书记录时，在页面中改变父类别时，调用 showbooktype()函数显示其子类别列
表*/
    function showbooktype(tsuper,tlevel){
        var xmlhttp;
        try {//用各种方法尝试创建 XMLHttpRequest 对象
        ……
        };
        xmlhttp.open("GET","gettypeslist.php?super="+tsuper+"&level="+tlevel,true);
        xmlhttp.send();
    }
    //调用 showbooktype()函数，在页面打开时，显示默认的图书类别列表
    showbooktype(0,1);
    showbooktype(2,2);
    showbooktype(10,3);
</script>
```

addnewbook.php 通过 AJAX 技术请求服务器端的 gettypeslist.php 获取图书类别列表，其代码如下。（源代码：\chapter10\gettypeslist.php）

```php
<?php
$super=$_GET['super'];    //获得请求参数中的图书类型父类 id
$level=$_GET['level'];    //获得请求参数中的图书类型级别
$sublevel=$level+1;       //计算当前类的子类型级别
//构造从 types 表获得父类 ID 等于请求参数图书类型记录 SQL 命令字符串
$sql="select id,name from types where super=$super order by name" ;
$dsn="mysql:host=localhost:3306;dbname=onlinemall";       //构造 DSN 字符串
try {
    $pdo=new PDO($dsn,'root', 'root');
    $pdo->setAttribute(PDO::ATTR_ERRMODE, PDO::ERRMODE_EXCEPTION);
    $pds=$pdo->query($sql);                    //执行查询
    $rows=$pds->fetchAll(PDO::FETCH_ASSOC);//将查询结果集数据读取到二维数组中
    if($level<3)
        $do="showbooktype(this.value,$sublevel)";
    else $do="";
    //生成图书类型下拉列表，在列表的 onchange 事件中调用 showbooktype()显示子类型列表
    echo "<select id=\"types$level\" name=\"types$level\" onchange=\"$do\">";
    foreach ($rows as $k=>$row){
        $id=$row['id'];
        $name=$row['name'];
        echo "<option value=\"$id\">$name</option>";
    }
    echo '</select>';
} catch (Exception $exc) {
    echo '<font color=red>出错啦：'.$exc->getMessage().'</font>';
}
```

10.4.3　实现图书记录修改功能

图书记录修改页面如图 10.4 所示。

为了简化设计，图书记录的每个数据项都添加了一个"修改"超链接，单击该超链接后用页面中输入的新数据修改记录。对于各个图片，单击"修改"超链接时显示文件上传控件，选择了文件后，单击 [上传新图片] 按钮将图片上传到服务器以替换原来数据库表中的图片。

图书记录修改功能由 editonebook.php（显示图书记录修改页面）、updatetablecol.php（执行字段修改操作，前面已实现）、savebookjpg.php（修改图片字段）、getpic.php（获取图片）和 gettypeslist.php（获取图书类型列表）等文件实现。gettypeslist.php 在前一节中已经实现，这里直接调用即可。

editonebook.php 利用请求参数中提供的图书 id，从数据库获取该图书记录数据，显示在图书记录修改页面中。因为其他图书数据管理页面还未实现，所以在浏览器地址栏中直接访问 editonebook.php，在 URL 参数中指定图书 id，例如：

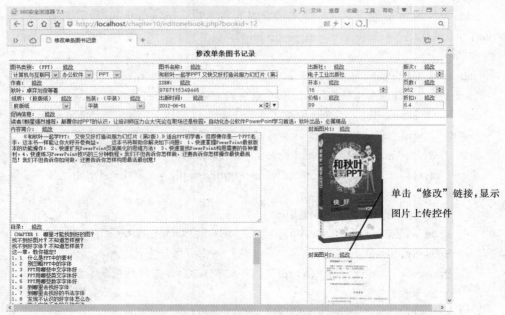

图 10.4　图书记录修改页面

http://localhost/chapter10/editonebook.php?bookid=23

editonebook.php 代码如下。（源代码：\chapter10\editonebook.php）

```
<!DOCTYPE html>
<html>
<head>
    <meta charset="UTF-8">
    <title>修改单条图书记录</title>
    <style>
        body{font-size:13px}
        table{border:solid #add9c0; border-width:1px;font-size:13px}
        select,input{border-width:1px;font-size:13px}
        td{ border-width:0px;vertical-align:top;border:solid #aed9c0;
            border-width:0px 0px 1px 1px;}
        .no{border:0 none;}
    </style>
</head>
<body><div style="text-align:center;font-size:18px"><b>修改单条图书记录</b></div><hr>
<?php
if(!isset($_GET['bookid'])) exit;//若未提供图书记录 id，则不执行任何操作
$bookid=$_GET['bookid'];//获得请求参数中的图书记录 id
//构造图书记录查询字符串，因为图片字段需单独处理，所以在查询字符串中不包括图片
字段
    $sql="select books.id,tid,books.name,writer,publisher,isbn,version,size,pages,"
```

```
        . "publishtime,price,salecount,brief,catalog,pack,paper,discount,"
        . "pictype1,pictype2,pictype3,pictype4,pictype5,pictype6,pictype7,"
        . "pictype8,sprompt,types.name as typename from books,types "
        . "where books.id=$bookid and books.tid=types.id";
$dsn="mysql:host=localhost:3306;dbname=onlinemall";        //构造 DSN 字符串
try {
    $pdo=new PDO($dsn,'root', 'root');
    $pdo->setAttribute(PDO::ATTR_ERRMODE, PDO::ERRMODE_EXCEPTION);
    $pds=$pdo->query($sql);                      //准备查询
    $pds->bindColumn(1, $bookid);                //绑定字段到各个变量
    ……
    $pds->fetch(PDO::FETCH_BOUND);               //从查询结果集中读取数据到绑定的变量中
} catch (Exception $exc) {
    echo '<font color=red>出错啦：'.$exc->getMessage().'</font>';
}?>
<input type="hidden" id="bookid" value="<?=$bookid?>" />
<table border="1px" width="100%" >
<col width="25%"/><col width="25%"/><col width="25%"/>
<tr><td>图书类别：（<?=$typename?>）  
        <a href="#" onclick="updateclos('tid')">修改</a><br>
        <nobr><span id="level1"></span><span id="level2"></span>
            <span id="level3"></span></nobr>
    </td>
    <td >图书名称：  <a href="#" onclick="updateclos('name')">修改</a><br>
        <input type="text" name="name" value="<?=$name?>"
            style="width:300px" maxlength="100"/>
    </td>
    <td>出版社：  <a href="#" onclick="updateclos('publisher')">修改</a><br>
        <input type="text" name="publisher" value="<?=$publisher?>"
            style="width:200px" maxlength="100"/>
    </td>
        ……
</td><td colspan="2" >
        封面图片 1：
        <a href="#" onclick="showjpgedit(1,<?=$bookid?>,'facepic1')" >修改</a>
        <div id="jpgedit1"></div><div id="pic1">
        <?php
        if(empty($pictype1))
            echo'<font color=red>无图片</font>';
        else
```

```
                    echo '<img id="pic1" src="getpic.php?bookid=',$bookid,'&colname=facepic1',
                        '" width="250px" height="300px"/>';
            ?></div>
            <hr style="height:1px;border:none;border-top:1px solid #aed9c0;" >
            封面图片 2：
            ……
        </td>
</tr></table></body></html>
<script language="javascript" >
        //getxmlhttp()函数创建 XMLHttpRequest 对象，存入变量 xmlhttp
        function getxmlhttp(){
            ……
        }
        function showbooktype(tsuper,tlevel){
            var xmlhttp=getxmlhttp();//调用函数生成 XMLHttpRequest 对象
            xmlhttp.onreadystatechange=function(){
                if (xmlhttp.readyState===4 && xmlhttp.status===200){
                    document.getElementById("level"+tlevel).innerHTML=xmlhttp.responseText;
                }};
            xmlhttp.open("GET","gettypeslist.php?super="+tsuper+"&level="+tlevel,false);
            xmlhttp.send();
        }
        /*updateclos(colname)函数向服务器提交字段修改请求
         * 参数 colname 指定要修改的字段名   */
        function updateclos(colname){
            var tablename="books";//设置要修改的数据表名称
            var key=document.getElementById("bookid").value;//获得关键字字段值
            var newvalue="";
            if(colname=="tid"){//获得要修改字段的新值
                newvalue=document.getElementsByName("types3")[0].value;
            }else{
                newvalue=document.getElementsByName(colname)[0].value;
            }
            //构造请求参数列表
            var  p="tablename="+tablename+"&key="+key+"&colname="+colname+"&value=
"+newvalue;
            var xmlhttp=getxmlhttp();//调用函数生成 XMLHttpRequest 对象
            xmlhttp.onreadystatechange=function(){
                if (xmlhttp.readyState===4 && xmlhttp.status===200){
                    alert(xmlhttp.responseText);//用对话框显示请求处理结果
```

```
            }};
        xmlhttp.open("GET","updatetablecol.php?"+p,true); //打开服务器连接
        xmlhttp.send(); //提交请求
    }
    /*showjpgedit(n,bookid,colname)显示修改图片时的文件上传控件
     * 因为有多个图片，参数 n 指定显示控件的 div 元素 id 序号
     * bookid 参数为要修改的图书记录 id，colname 为图片字段名称*/
    function showjpgedit(n,bookid,colname){
        for(var i=1;i<9;i++){
            if(i!=n){//在显示一个文件上传控件时，将其他已显示的控件取消
                document.getElementById('jpgedit'+ i).innerText="";
        }}
        //用 innerHTML 将上传文件添加到页面中
        document.getElementById('jpgedit'+n).innerHTML='<form action="savebookjpg.php"\n\
            method="post" enctype="multipart/form-data" target="snews">'
        +'<input type="file" name="newjpg" style="width:300px"/>'
        +'<input type="hidden" name="bookid" value="'+bookid+'" />'
        +'<input type="hidden" name="colname" value="'+colname+'" />'
        +'<input type="hidden" name="refresh" value="pic'+n+'" />'
        +'<input type="submit" value="上传新图片" />'
        +'<iframe id="idnews" name="snews" style="display:none"></iframe>'
        +'</form>';
    }
    /*refreshpic(id,bookid,colname)在完成图片修改后，在页面中显示新的图片
     *参数 id 为显示图书的 DIV 元素 id，bookid 图书记录 id，colname 为图片字段名称 */
    function refreshpic(id,bookid,colname){
        document.getElementById(id).innerHTML='<img src="getpic.php?bookid='
        +bookid+'&colname='+colname+'&h='+Math.random()+' width="250px" height="300px">';
    }
    //在页面中显示默认图书种类列表
    showbooktype(0,1);
    showbooktype(2,2);
    showbooktype(10,3);
</script>
```

　　updatetablecol.php 设计为可重复使用,通过参数指定要修改的数据表名称、关键字字段值、要修改的字段名称以及新的字段值。

　　savebookjpg.php 使用上传的图片修改数据表中的原有图片。(源代码：\chapter10\savebookjpg.php)。getpic.php 获取数据表中保存的图片。(源代码：\chapter10\getpic.php)数据库表中图片的保存和获取方法在第 8、第 9 章中均有涉及，这里不再给出源代码，请读者参考实现或者阅读本书提供的源代码。

10.4.4　实现已有图书数据管理功能

已有图书数据管理包含推荐销售图书管理、已有图书记录的删除和修改等操作。其中已有图书数据管理页面如图 10.5 所示。

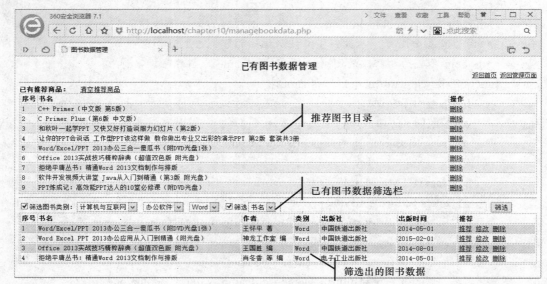

图 10.5　图书数据管理页面

下面分别对在已有图书数据管理页面中可执行的操作进行介绍。

- 单击"返回首页"超链接，返回商城首页。
- 单击"返回管理页面"超链接，返回商城数据管理导航页面。
- 单击"情况推荐商品"超链接，删除全部已推荐图书目录。推荐图书会在商城首页中置顶显示。
- 单击推荐图书目录表中的"删除"超链接，删除该行中的图书推荐记录。
- 筛选已有图书数据。在图书数据筛选栏中可选择筛选条件和输入筛选字符串，单击 筛选 按钮执行筛选操作。筛选出的图书数据显示在页面下方。
- 添加推荐图书。在筛选出的图书目录行中单击"推荐"超链接，将其添加到推荐图书目录中。
- 删除图书记录。在筛选出的图书目录行中单击"删除"超链接，删除该行中的图书记录。
- 修改图书记录。在筛选出的图书目录行中单击"修改"超链接，打开图书记录修改页面（editonebook.php，前面已实现），修改图书数据。

下面对已有图书数据管理功能主要实现的文件分别进行介绍。

- managebookdata.php：实现已有图书数据管理页面。
- gettypeslist.php：获取图书类别列表，前面已实现。
- getbooks.php：根据提供的条件返回筛选出的图书数据。
- addrecomment.php：添加推荐图书记录。
- clearrecomment.php：清空已有推荐图书记录。
- gethavedrecomment.php：返回已有的推荐图书记录。
- deletefromtable.php：删除数据表记录。

1．实现已有图书数据管理页面

managebookdata.php 代码如下。（源代码：\chapter10\managebookdata.php）

```html
<!DOCTYPE html>
<html>
<head>
    <meta charset="UTF-8">
    <title>图书数据管理</title>
    <style>
        body{font-size:13px}
        table{border:solid #add9c0; border-width:1px;font-size:13px}
        select,input{border-width:1px;font-size:13px}
        td,th{ border-width:0px;vertical-align:top;border:solid #aed9c0;
                border-width:0px 0px 1px 1px;}
        .no{border:0 none;}
    </style>
</head>
<body>
<div style="text-align:center;font-size:18px"><b>已有图书数据管理</b></div>
<div style="text-align:right;font-size:12px;"><a href="index.php">返回首页</a>
        <a href="malldatamanage.php">返回管理页面</a></div><hr>
<b>已有推荐商品：</b>  
<a href="#" onclick="deleterecomment()">清空推荐商品</a>
<!--havedrec 标记的 DIV 元素内部用于显示推荐图书目录-->
<div id="havedrec"></div>
<hr>
<div style="white-space:nowrap;">
    <input type="checkbox" name="usetype"
        id="usetype" checked="checked" />筛选图书类别：<span id="level1"></span>
    <span id="level2"></span>
    <span id="level3"></span>
    <input type="checkbox" name="usecol"
        id="usecol" checked="checked" />筛选<select name="col" id="col">
        <option value="books.name">书名</option>
        <option value="writer">作者</option>
    </select>
    <input type="text" name="filter" id="filter" value="" style="width:400px" />
    <input type="button" value="筛选" onclick="dofilter()"/>
</div>
<!--showbooks 标记的 DIV 元素内部用于显示筛选出的图书数据-->
<div id="showbooks"></div>
```

```
    </body>
    </html>
    <script language="javascript" >
        //getxmlhttp()函数创建 XMLHttpRequest 对象，存入变量 xmlhttp
        function getxmlhttp(){
            ……
        }
        /*showbooktype()函数通过 XMLHttpRequest 对象异步在后台从服务器获取图书类别
         * 参数 tsuper 为父类别 id，tlevel 为图书类别的级别（0、1 或 2）
         * 在添加图书记录时，在页面中改变父类别时，调用 showbooktype()函数显示其子
类别列表
         */
        function showbooktype(tsuper,tlevel){
            ……
        }
        //调用 showbooktype()函数，在页面打开时，显示默认的图书类别列表
        showbooktype(0,1);
        showbooktype(2,2);
        showbooktype(10,3);
        /*dofilter()函数向服务器端的 getbooks.php 提交数据筛选请求，返回筛选出的图书数据*/
        function dofilter(){
            var bt=document.getElementById("usetype").checked;
            var type=document.getElementById("types3").value;
            var bc=document.getElementById("usecol").checked;
            var cn=document.getElementById("col").value;
            var str=document.getElementById("filter").value;
            var p="";
            if(bt==true){
                p="typeid="+type;
                if(bc==true){
                    p=p+"&filter_col="+cn+"&filter_str="+str;
                }
            }else{
                if(bc==true){
                    p="&filter_col="+cn+"&filter_str="+str;
                }
            }
            var xmlhttp=getxmlhttp();//调用函数生成 XMLHttpRequest 对象
            xmlhttp.onreadystatechange=function(){
                if (xmlhttp.readyState===4 && xmlhttp.status===200){
```

```
                document.getElementById("showbooks").innerHTML=xmlhttp.responseText;
            }
        };
        xmlhttp.open("GET","getbooks.php?"+p,true);
        xmlhttp.send();
}
/*addrecomment()函数向服务器端的 addrecomment.php 提交添加推荐图书请求
 *将参数 bookid 中的图书记录 id 添加到推荐图书列表中*/
function addrecomment(bookid){
    var xmlhttp=getxmlhttp();//调用函数生成 XMLHttpRequest 对象
    xmlhttp.onreadystatechange=function(){
        if (xmlhttp.readyState===4 && xmlhttp.status===200){
            alert(xmlhttp.responseText);
            gethavedrecomment();
        }
    };
    xmlhttp.open("GET","addrecomment.php?bookid="+bookid,true);
    xmlhttp.send();
}
/*deleterecomment()函数向服务器端的 clearrecomment.php 提交清空推荐图书记录请求
 *clearrecomment.php 删除推荐图书列表中的全部记录*/
function deleterecomment(){
    if(confirm("你确信要删除原有的推荐商品？")){
    var xmlhttp=getxmlhttp();//调用函数生成 XMLHttpRequest 对象
    xmlhttp.onreadystatechange=function(){
        if (xmlhttp.readyState===4 && xmlhttp.status===200){
            alert(xmlhttp.responseText);
            gethavedrecomment();
        }
    };
    xmlhttp.open("GET","clearrecomment.php",true);
    xmlhttp.send();
    }
}
//gethavedrecomment()函数向服务器端的 gethavedrecomment.php 请求返回推荐图书目录
function gethavedrecomment(){
    var xmlhttp=getxmlhttp();//调用函数生成 XMLHttpRequest 对象
    xmlhttp.onreadystatechange=function(){
        if (xmlhttp.readyState===4 && xmlhttp.status===200){
            document.getElementById("havedrec").innerHTML=xmlhttp.responseText;
```

```
                }
            };
            xmlhttp.open("GET","gethavedrecomment.php",true);
            xmlhttp.send();
    }
    gethavedrecomment();//在页面加载时，显示已有的推荐图书目录
    /*deletehaved()函数向服务器端的 deletefromtable.php 请求删除指定的推荐图书记录
     * 参数 recid 指定删除记录的 id，deletefromtable.php 完成删除操作
     * deletefromtable.php 接收的参数包括数据表名称和删除记录的 id*/
    function deletehaved(recid){
            var xmlhttp=getxmlhttp();//调用函数生成 XMLHttpRequest 对象
            xmlhttp.onreadystatechange=function(){
                if (xmlhttp.readyState===4 && xmlhttp.status===200){
                    alert(xmlhttp.responseText);
                    gethavedrecomment();
                }
            };
            xmlhttp.open("GET","deletefromtable.php?tablename=recomment&recid="+recid,true);
            xmlhttp.send();
    }
    /*deletebookrec()函数向服务器端的 deletefromtable.php 请求删除指定的图书数据记录
     * 参数 recid 指定删除记录的 id，deletefromtable.php 完成删除操作*/
    function deletebookrec(bookid){
            var xmlhttp=getxmlhttp();//调用函数生成 XMLHttpRequest 对象
            xmlhttp.onreadystatechange=function(){
                if (xmlhttp.readyState===4 && xmlhttp.status===200){
                    alert(xmlhttp.responseText);
                    dofilter();
                }
            };
            xmlhttp.open("GET","deletefromtable.php?tablename=books&recid="+bookid,true);
            xmlhttp.send();
    }
</script>
```

2．实现图书数据筛选功能

getbooks.php 代码如下。（源代码：\chapter10\getbooks.php）

```php
<?php
$sw='';$filter_col='';$filter_str='';
if(isset($_GET['filter_col'])){
    $filter_col=$_GET['filter_col'];              //获得筛选字段名
```

```php
        $filter_str=$_GET['filter_str'];                    //获得筛选字符串
}
if(isset($_GET['typeid'])){
        $typeid=$_GET['typeid'];                            //获得筛选图书类型 id
        $sw=" and tid=$typeid";                             //构造筛选条件字符串
        if(!empty($filter_col))
            $sw=$sw . " and $filter_col like '%$filter_str%'" ;//构造筛选条件字符串
}else
        if(!empty($filter_col))
            $sw=" and $filter_col like '%$filter_str%'" ;   //构造筛选条件字符串
//构造执行筛选操作的 SQL 命令字符串
$sql="select books.id,books.name as bookname,writer,publisher,publishtime,"
    ."types.name as typename from books,types where books.tid=types.id $sw";
$dsn="mysql:host=localhost:3306;dbname=onlinemall";         //构造 DSN 字符串
try {
    $pdo=new PDO($dsn,'root', 'root');
    $pdo->setAttribute(PDO::ATTR_ERRMODE, PDO::ERRMODE_EXCEPTION);
    $pds=$pdo->query($sql);                                 //执行查询
    $rows=$pds->fetchAll(PDO::FETCH_ASSOC);//将查询结果集数据读取到二维数组中
//输出筛选出的图书数据表格
echo '<table width=100%><col width="10px"/><col width="40%"/><col width="100px"/>'.
            '<tr><th align=left style="white-space:nowrap;">序号</th>'
        . '<th align=left>书名</th><th align=left>作者</th>'
        . '<th align=left>类别</th><th align=left>出版社</th>'.
            '<th align=left>出版时间</th><th align=left>推荐</th></tr>';
    $n=1;
    foreach ($rows as $k=>$row){
        //将二维数组第一维映射到变量$row，$row 为一条记录对应的数组，用表格显
示数据
        if($n%2==1) echo '<tr style="background-color:    #D1E9E9">';
        else echo '<tr>';
        echo "<td>",$n,"</td>";
        echo "<td>",$row['bookname'],"</td>";
        echo "<td>",$row['writer'],"</td>";
        echo "<td>",$row['typename'],"</td>";
        echo "<td>",$row['publisher'],"</td>";
        echo "<td>",$row['publishtime'],"</td>";
        echo '<td><a href="#" onclick="addrecomment('.$row['id'].')">推荐</a>';
        echo ' <a href="editonebook.php?bookid='.$row['id'].'">修改</a>';
        echo ' <a href="#" onclick="deletebookrec('.$row['id'].')">删除</a>';
```

```
        echo    '</td></tr>';
        $n++;
    }
    echo '</table>';
} catch (Exception $exc) {
    echo '<font color=red>出错啦：! '.$exc->getMessage().'</font>';
}
```

3．实现添加推荐图书功能

addrecomment.php 代码如下。（源代码：\chapter10\addrecomment.php）

```php
<?php
if(!isset($_GET['bookid'])){
    echo '未提供 bookid！';
}else{
    $bi=$_GET['bookid'];
    $sql="insert into recomment values(null,$bi)" ;
    $dsn="mysql:host=localhost:3306;dbname=onlinemall";              //构造 DSN 字符串
    try {
        $pdo=new PDO($dsn,'root', 'root');
        $pdo->setAttribute(PDO::ATTR_ERRMODE, PDO::ERRMODE_EXCEPTION);
        $pdo->exec($sql);
        echo '已成功添加推荐商品！';
        $pdo=null;
    } catch (Exception $exc) {
        echo '<font color=red>出错啦：'.$exc->getMessage().'</font>';
    }
}
```

4．实现清空推荐图书功能

clearrecomment.php 代码如下。（源代码：\chapter10\clearrecomment.php）

```php
<?php
$sql="truncate table recomment" ;
    $dsn="mysql:host=localhost:3306;dbname=onlinemall";          //构造 DSN 字符串
try {
    $pdo=new PDO($dsn,'root', 'root');
    $pdo->setAttribute(PDO::ATTR_ERRMODE, PDO::ERRMODE_EXCEPTION);
    $pdo->exec($sql);
    echo '推荐商品已经清空！';
    $pdo=null;
} catch (Exception $exc) {
    echo '<font color=red>出错啦：'.$exc->getMessage().'</font>';
}
```

5. 实现推荐图书数据获取功能

gethavedrecomment.php 代码如下。（源代码：\chapter10\gethavedrecomment.php）

```php
<?php
$sql="select recomment.id,name as bookname from recomment,books "
        . "where recomment.bookid=books.id";
$dsn="mysql:host=localhost:3306;dbname=onlinemall";        //构造 DSN 字符串
try {
    $pdo=new PDO($dsn,'root', 'root');
    $pdo->setAttribute(PDO::ATTR_ERRMODE, PDO::ERRMODE_EXCEPTION);
    $pds=$pdo->query($sql);                       //执行查询
    $rows=$pds->fetchAll(PDO::FETCH_ASSOC);//将查询结果集数据读取到二维数组中
    echo '<table width=100%><col width="20px"/><col width="80%"/>'.
        '<tr><th    style="white-space:nowrap;">序号</th>'
        . '<th align=left>书名</th><th align=left>操作</th></tr>';
    $n=1;
    foreach ($rows as $k=>$row){
        //将二维数组第一维映射到变量$row，$row 为一条记录对应的数组，用表格显示数据
        if($n%2==1) echo '<tr style="background-color:    #F3F3FA">';
        else echo '<tr>';
        echo "<td>",$n,"</td>";
        echo "<td>",$row['bookname'],"</td><td>";
        echo '<a href="#" onclick="deletehaved('.$row['id'].')">删除</a></td></tr>';
        $n++;
    }
    echo '</table>';
} catch (Exception $exc) {
    echo '<font color=red>出错啦：! '.$exc->getMessage().'</font>';
}
```

6. 实现数据表记录删除功能

数据表记录删除功能用于从指定数据表中删除指定记录。deletefromtable.php 代码如下。
（源代码：\chapter10\deletefromtable.php）

```php
<?php
if(!isset($_GET['recid'])){
    echo '未提供 recid! ';
}else{
    $table=$_GET['tablename'];
    $recid=$_GET['recid'];
    $sql="delete from $table where id=$recid" ;
    $dsn="mysql:host=localhost:3306;dbname=onlinemall";        //构造 DSN 字符串
    try {
```

```
    $pdo=new PDO($dsn,'root', 'root');
    $pdo->setAttribute(PDO::ATTR_ERRMODE, PDO::ERRMODE_EXCEPTION);
    $pdo->exec($sql);
    echo '已成功删除记录！';
    $pdo=null;
  } catch (Exception $exc) {
    echo '<font color=red>出错啦：'.$exc->getMessage().'</font>';
  }
}
```

10.4.5 实现商城首页

商城首页如图 10.6 所示。

图 10.6 商城首页

商城首页可分为导航及搜索栏、推荐图书栏和分种类图书显示栏。下面对在商城首页中可执行的操作分别进行介绍。

- 用户登录后，单击导航及搜索栏右上角显示的用户名，可跳转到个人信息查看和修改页面。
- 单击"请登录"超链接，跳转到登录页面。
- 单击"我的订单"超链接，跳转到个人订单管理页面。
- 在搜索框中输入关键词，查找符合条件的图书。
- 单击"我的购物车" 超链接，跳转到购物车内容查看页面。
- 鼠标指向菜单导航栏，可显示下拉菜单。在菜单中单击超链接，在页面中可显示该类别图书。

- 单击"下一组>>" 超链接，切换显示下一组同类型的图书。
- 单击图书图片，可跳转到图书详细信息展示页面。

下面对实现商城首页功能有关的文件分别进行介绍。

- index.php：实现商城首页基本框架，通过包含 PHP 文件或者利用 AJAX 技术请求 PHP 文件来生成页面动态数据。

- pageheader.php：包含在 index.php 中，生成导航及搜索栏。pageheader.php 又包含了 getalltypes.php 用于生成导航及搜索栏中的"全部商品分类"的子菜单内容；getsubtypes.php 生成菜单栏其他菜单项的子菜单内容。

- getrecommed.php：在 JS（JavaScript）脚本中通过 XMLHttpRequest 对象请求，生成推荐图书展示数据。

- showfloors.php：包含在 index.php 中，生成按种类展示的部分种类图书展示数据。

- getfloornext.php：在单击"下一组>>" 超链接时，在 JS 脚本中通过 XMLHttpRequest 对象请求，生成下一组图书的展示数据。

- dosearch.php：单击 搜索 按钮时，通过 XMLHttpRequest 对象请求，执行图书查找操作。

- addtocar.php：在单击"添加到购物车" 超链接时，在 JS 脚本中通过 XMLHttpRequest 对象请求，将对应图书 id 和默认的数量 1 添加到购物车中。

1. 实现商城首页

index.php 设计主要包含页面 HTML 元素显示的 CSS 样式单、用 DIV 元素设计页面基本框架及 JS 脚本。index.php 代码如下。（源代码：\chapter10\index.php）

```
<html>
<head>
    <meta charset="UTF-8">
    <title>好书网，购好书</title>
</head>
<!--CSS 样式单
    alltype 定义各个子菜单项常规状态下不显示，menubar:hover 定义在鼠标指向菜单项时，
设置子菜单项在绝对位置显示为块-->
<style>
    .top{border:solid #add9c0;border-width:1px;font-size:15px;vertical-align:middle}
    a{text-decoration:none;}
    a:hover{text-decoration:none;color:#ff0000}
    .menubar{margin:10px;padding:5px;font-size:13px;color:black}
    .tdshow{ border-width:0px;vertical-align:middle ;border:solid #aed9c0;
            border-width:0px 0px 1px 1px;alignment-adjust: central;font-size:12px}
    .tdfloor{vertical-align:top;border:solid #aed9c0;vertical-align:bottom;
            border-width:0px 0px 1px 1px;font-size:12px;}
    .floorbar{vertical-align:bottom;margin-top:20px;text-decoration:blink}
    .price{text-decoration:line-through;color:#b0b0b0;margin-left:20px}
    .sprice{color:red;margin-left:20px}
```

```css
.toright{float:right;font-size:10px;color:#990000}
.recpic{width:230px;height:240px}
.bookpic{width:204px;height:180px}
.cgoodscount{font-size:15px;color:red}
.type{ border:solid #add9c0; border-width:1px;
        margin-left:10px;background-color:#f0f0f0}
.item1{ border:solid; border-width:0px;width:60px;
        display:block;float:left;margin-left:10px}
.item2{ border:solid;border-width:0px;margin-left:10px}
.alltype{display:none }
.menubar:hover .alltype{display:block;position:absolute;margin-left:10px}
</style>
<body >
<div style="width:1024px;margin:0 auto">
    <!--pageheader.php 生成导航及搜索栏-->
    <?php include 'pageheader.php'; ?>
    <div id="content">
        <!--recomment 标记的 DIV 元素中显示推荐图书,在 JS 脚本中调用函数为页面添加
推荐图书信息-->
        <div id="recomment"></div>
        <!--showfloors.php 按种类展示部分种类的图书-->
        <?php include "showfloors.php"; ?>
    </div>
</div>
</body>
</html>
<script language="javascript" >
    //getxmlhttp()函数创建 XMLHttpRequest 对象, 存入变量 xmlhttp
    function getxmlhttp(){
        ……
    }
    /* showrecommended()函数向服务器端的 getrecommed.php 请求推荐图书信息
     * 参数 startno 为推荐图书第一条记录的偏移量,根据偏移量分组显示
     * getrecommed.php 以表格方式返回推荐图书信息 */
    function showrecommended(startno){
        var xmlhttp=getxmlhttp();//调用函数生成 XMLHttpRequest 对象
        xmlhttp.onreadystatechange=function(){
            if (xmlhttp.readyState===4 && xmlhttp.status===200){
                var r=xmlhttp.responseText;
                document.getElementById("recomment").innerHTML=r;
```

```
                    }
                };
            xmlhttp.open("GET","getrecommed.php?startno="+startno,true);
            xmlhttp.send();
        }
        showrecommended(0);//在打开首页时显示推荐图书信息
        /* showfloornext()函数向服务器端的 getfloornext.php 请求分类显示的下一组图书信息
         * 不同种类的图书分楼层（分类）、分组显示
         * 参数 floorno 为楼层号，决定显示返回数据的 DIV 元素
         * 参数 offset 为下一组数据第一条记录的偏移量
         * typeid 为图书类型 id，用于筛选出同类型图书数据。*/
        function showfloornext(floorno,offset,typeid){
            var xmlhttp=getxmlhttp();//调用函数生成 XMLHttpRequest 对象
            xmlhttp.onreadystatechange=function(){
                if (xmlhttp.readyState===4 && xmlhttp.status===200){
                    var returnstr=xmlhttp.responseText;
                        document.getElementById("floor"+floorno).innerHTML=returnstr;
                    }
                };
            xmlhttp.open("GET","getfloornext.php?offset="+offset
                +"&typeid="+typeid+"&floorno="+floorno,true);
            xmlhttp.send();
        }
        /* dosearch()函数向服务器端的 dosearch.php 提交图书查询请求，返回符合条件的图
书记录
         * 查询结果采用分页显示方式，参数 pageno 为当前页数，offset 为当前页记录开始
偏移量*/
        function dosearch(pageno,offset){
            var type=document.getElementById("filtertype").value;
            var str=document.getElementById("filterstr").value;
            if(str!=''){
                var xmlhttp=getxmlhttp();//调用函数生成 XMLHttpRequest 对象
                xmlhttp.onreadystatechange=function(){
                    if (xmlhttp.readyState===4 && xmlhttp.status===200){
                        var returnstr=xmlhttp.responseText;
                            document.getElementById("content").innerHTML=returnstr;
                        }
                    };
                xmlhttp.open("GET","dosearch.php?colname="+type+"&filterstr="
                    +str+"&pageno="+pageno+"&offset="+offset,true);
```

```
                    xmlhttp.send();
            }
    }
    /* addtocar()函数向服务器端的 addtocar.php 请求将指定图书 id 添加到购物车中
     * 参数 bookid 为添加到购物车中的图书 id, 默认数量为 1
     * 用户在浏览页面时, 单击"添加到购物车"链接将其添加到购物车中。*/
    function addtocar(bookid){
            var xmlhttp=getxmlhttp();//调用函数生成 XMLHttpRequest 对象
            xmlhttp.onreadystatechange=function(){
                    if (xmlhttp.readyState===4 && xmlhttp.status===200){
                            var r=xmlhttp.responseText;
                            if(r==0){
                                    alert('商品加入购物车出错, 请稍后重试! ');
                            }else{
                                    alert('商品已成功购物车! ');
                                    document.getElementById("goodscount").innerText=r;
                            }
                    }
            };
            xmlhttp.open("GET","addtocar.php?bookid="+bookid+"&number=1",true);
            xmlhttp.send();
    }
</script>
```

2. 实现导航及搜索栏

pageheader.php 文件包含在用户访问的多个页面中, 生成导航及搜索栏, 其代码如下。(源代码: \chapter10\pageheader.php)

```php
<?php
/*若用户已登录, 则在导航栏中显示用户名称和购物车中的商品数量
 *若 Session 对象中 username 存在, 说明用户已经登录, 则读出用户名和购物车*/
$username="";
if(isset($_SESSION['username'])) $username=$_SESSION['username'];
$goodscount=0;
if(isset($_SESSION['car'])) $goodscount=count($_SESSION['car']);
?>
<div style="font-size:10px;text-align: right">
    <a href="user_showself.php"><?=$username?></a>
    你好, <a href="user_showlog.php">请登录</a>
    <a href="user_register.php">注册</a>
    <a href="user_showorders.php">我的订单</a>
</div>
```

```
<div style="text-align:center">
<table boder="0" width="100%">
    <col    width="10%"/><col    width="60%"/>
    <tr><td style="text-align:center"><a href="index.php" target="_top">
            <img src="log.png" width="200" height="45" alt="log"
                style="vertical-align:middle"/></a>
        </td><td style="text-align:center">
            <select name="filtertype" id="filtertype" class="top">
                <option value="name">书名</option>
                <option value="writer">作者</option>
            </select>
            <input type="text" id="filterstr" style="width:400px" class="top"/>
            <input type="button" value="搜索" onclick="dosearch(1,0)" class="top"/>
        </td><td style="text-align:center">
            <a href="user_shoppingcar.php">我的购物车(<span id="goodscount"
                        class="cgoodscount"><?=$goodscount?></span>)</a>
        </td></tr>
    </table>
    <table    style="margin:0 0 0 80px">
        <tr>
            <td class="menubar" >
                <a href="#"    style="margin-left:10px">全部商品分类</a>
                <!--输出全部商品分类菜单-->
                <span class="alltype"><?php include 'getalltypes.php'?></span>
            </td>
            <!--输出一级商品种类，作为导航菜单栏-->
            <?php include 'getsubtypes.php'?>
        </tr>
</table><hr>
</div>
```

getalltypes.php 从图书种类数据表 types 获取数据，生成全部商品分类子菜单。子菜单基本结构为

一级图书种类名称 1
　　二级图书种类名称 1　　三级图书种类名称 11　　三级图书种类名称 12…
　　二级图书种类名称 2　　三级图书种类名称 21　　三级图书种类名称 22…
　　…
一级图书种类名称 2
　　…

getalltypes.php 代码如下。（源代码：\chapter10\etalltypes.php）

```
<?php
```

```php
$dsn="mysql:host=localhost:3306;dbname=onlinemall";        //构造 DSN 字符串
try {
$pdo=new PDO($dsn,'root', 'root');
$pdo->setAttribute(PDO::ATTR_ERRMODE, PDO::ERRMODE_EXCEPTION);
//定义获取一级图书种类的 SQL 查询字符串
$sql="select id,name from types where level=1 order by name;";
$pds=$pdo->query($sql);                    //执行查询
$level1=$pds->fetchAll(PDO::FETCH_ASSOC);//将查询结果集数据读取到二维数组中
foreach($level1 as $type){
    $id=$type['id'];
    $name=$type['name'];
    echo '<div class="type">';
    echo $name,'<br>';
    //定义获得当前一级类包含的二级图书种类的 SQL 查询字符串
    $sql="select id,name from types where level=2 and super=$id order by name;";
    $pds=$pdo->query($sql);
    $level2=$pds->fetchAll(PDO::FETCH_ASSOC);
    foreach($level2 as $type2){
        $id2=$type2['id'];
        $name2=$type2['name'];
        echo '<div><span class="item1">',$name2,'</span>';
        //定义获得当前二级类包含的三级图书种类的 SQL 查询字符串
        $sql="select id,name from types where level=3 and super=$id2 order by name;";
        $pds=$pdo->query($sql);
        $level3=$pds->fetchAll(PDO::FETCH_ASSOC);
        foreach($level3 as $type3){
            $id3=$type3['id'];
            $name3=$type3['name'];
            echo '<span class="item2"><a href="showbooksbytype.php?typeid='
            ,$id3,'">',$name3,'</a></span>';
        }
        echo '</div>';
    }
    echo '</div>';
}} catch (Exception $exc) {
    echo '<font color=red>出错啦：！'.$exc->getMessage().'</font>';
}
```

getsubtypes.php 生成一级图书种类的子菜单，与 getalltypes.php 类似。(源代码：\ chapter10\ getsubtypes.php)

3．实现推荐图书展示栏

getrecommed.php 生成推荐图书展示栏信息，其代码如下。（源代码：\chapter10\ getrecommed. php）

```php
<?php
/*在商城首页中每次只显示一组（4 种）图书的封面图片和价格信息，推荐图书通常会超过 4 种
 * 所以推荐图书采用分组显示，在用户单击"下一组>>"超链接时，显示下一组数据
 * 所有时推荐图书可循环展示，所以在代码中需用 limit 限制 SQL 获取的记录数据
 * $startno 设置为当前组开始的记录号，默认从 0，即第 1 条记录开始*/
$startno=0;
if(isset($_GET['startno'])) $startno=$_GET['startno'];
//构造获取推荐图书数据的 SQL 命令，每次获取 4 条记录
//推荐图书数据表 recomment 只有图书记录 id，还需从图书数据表 books 获得价格和折扣数据
$sql="select bookid,price,discount from recomment,books "
        . " where bookid=books.id limit $startno,4 ";
$dsn="mysql:host=localhost:3306;dbname=onlinemall";        //构造 DSN 字符串
try {
    $pdo=new PDO($dsn,'root', 'root');
    $pdo->setAttribute(PDO::ATTR_ERRMODE, PDO::ERRMODE_EXCEPTION);
    $pds=$pdo->query($sql);                        //执行查询
    $rows=$pds->fetchAll(PDO::FETCH_ASSOC);//将查询结果集数据读取到二维数组中
    $n=0;
    /*输出推荐图书信息表格，每种图书显示第 1 幅封面图片、定价、销售折扣和销售价格
     * 封面图片作为图片超链接，单击图片可跳转到图书详细信息显示页面*/
    echo '<table    border="0" cellpadding="1" cellspacing="1">';
    echo '<col width="24px"/><col width="250px"/><col width="250px"/>';
    echo '<col width="250px"/><col width="250px"/>';
    echo '<tr><td class="tdshow">';
    echo '<img src="recom.png" style="width:24px;height:240px" alt="今日推荐"/>';
    echo '</td>';
    $n=0;
    foreach ($rows as $k=>$row){
        $n++;
        echo '<td class="tdshow">';
        $bookid=$row['bookid'];
        echo '<a href="showbookdetail.php?bookid="',$bookid,'">';
        echo '<img src="getpic.php?bookid=',$bookid,
                '&colname=facepic1" class="recpic"></a><br>';
```

```
        $price=sprintf("%.2f",$row['price']);
        $ds=$row['discount'];
        echo '<span class="price">￥',$price,"</span>  ",$ds,'折<br>';
        $sp=sprintf("%.2f",$row['price']*$ds/10);
        echo '<span class="sprice">￥',$sp,"</span>  "
                ,'<a href="#" onclick="addtocar(',$bookid,')">加入购物车</a>';
        if($n==4)
            echo '<span class="toright"><a href="#" onclick="showrecommended('
                ,$startno,')">下一组>></a></sapn></td>';
        $startno++;
    }
    if($n<4){
        /*若已输出的推荐图书信息不足4种，则从图书推荐数据表重新获取数据，补足4种，
         * 这样可实现推荐图书循环显示*/
        $sql="select bookid,price,discount from recomment,books"
                . " where bookid=books.id limit 0,".(4-$n);
        $pds=$pdo->query($sql);                     //执行查询
        $rows=$pds->fetchAll(PDO::FETCH_ASSOC);//将查询结果集数据读取到二维数
组中

        $startno=0;
        foreach ($rows as $k=>$row){
            $n++;
            echo '<td class="tdshow">';
            $bookid=$row['bookid'];
            echo '<a href="showbookdetail.php?bookid="',$bookid,'">';
            echo '<img src="getpic.php?bookid=',$bookid,
                    '&colname=facepic1" class="recpic"></a><br>';
            $price=sprintf("%.2f",$row['price']);
            $ds=$row['discount'];
            echo '<span class="price">￥',$price,"</span>  ",$ds,'折<br>';
            $sp=sprintf("%.2f",$row['price']*$ds/10);
            echo '<span class="sprice">￥',$sp,"</span>  "
                    ,'<a href="#" onclick="addtocar(',$bookid,')">加入购物车</a>';
            if($n==4)
                echo '<span class="toright"><a href="#" onclick="showrecommended('
                    ,$startno,')">下一组>></a></sapn></td>';
            $startno++;
        }
    }
    echo '</tr></table>';
```

```php
} catch (Exception $exc) {
    echo '<font color=red>出错啦：！'.$exc->getMessage().'</font>';
}
```

4．实现分种类图书展示栏

showfloors.php 生成分种类图书展示栏中显示的展示数据，其代码如下。（源代码：\chapter10\showfloors.php）

```php
<?php
/*生成商城首页分种类图书展示栏中显示的展示数据，其基本思路：
    * 从图书种类数据表中获得3种图书类型,再进一步从图书数据表中获得该类的前5条记录
    * 以表格方式输出展示数据，每种图书展示其封面图片和价格信息*/
$dsn="mysql:host=localhost:3306;dbname=onlinemall";        //构造 DSN 字符串
try {
$pdo=new PDO($dsn,'root', 'root');
$pdo->setAttribute(PDO::ATTR_ERRMODE, PDO::ERRMODE_EXCEPTION);
//定义获取图书种类的 SQL 命令字符串
$sql="select id,name from types where super=0 order by name limit 0,3";
$pds=$pdo->query($sql);                                 //执行查询，获得一级分类商品类别
$types1=$pds->fetchAll(PDO::FETCH_ASSOC);//将查询结果集数据读取到二维数组中
$n=0;
foreach ($types1 as $type){
    $n++;
    echo '<div class="floorbar">';
    echo $n,'F：',$type['name'],'</div><hr>';
    $id=$type['id'];
    //定义获取指定类型图书展示数据的 SQL 命令字符串
    $sql="select id,name,price*discount/10 as saleprice from books"
            . " where tid in(select id from types where grand=$id) "
            . " order by publishtime desc limit 0,5";
    $pds=$pdo->query($sql);
    $bookinfos=$pds->fetchAll(PDO::FETCH_ASSOC);
    if($bookinfos==false){
        echo '商品信息完善中，敬请期待！';
    }else{
        //图书展示数据包含在 DIV 元素中，在显示下一组展示数据时，其 id 在 JS 脚本中
会用到
        echo'<div id="floor'.$n.'">';
        echo '<table   border="0" cellpadding="0" cellspacing="0">';
        echo '<col width="204px"/><col width="204px"/><col width="204px"/>';
        echo '<col width="204px"/><col width="204px"/>';
```

```
        echo '<tr>';
        $rn=0;
        foreach ($bookinfos as $book){
            $rn++;
            echo '<td class="tdfloor">';
            echo '<a href="showbookdetail.php?bookid='.$book['id']
                    .'"><img src="getpic.php?bookid='.$book['id']
                    .'&colname=facepic1" class="bookpic"></a><br>';
            $bn=$book['name'];
            //若图书名称过长，做截断处理
            if(mb_strlen($bn)>20) $bn=mb_substr($bn,0,20) . '...';
            echo '<span style="font-size:12px;">',$bn,'</span><br>';
            echo '<span style="color:red;">￥',sprintf("%.2f", $book['saleprice']);
            echo '</span>  <a href="#" onclick="addtocar('
                    .$book['id'].')">加入购物车</a>';
            echo '</td>';
        }
        echo '</tr><tr><td colspan=5 align=right>';
    echo '<span class="toright"><a href="#" onclick="showfloornext('
            .$n .',5,'.$id.')">下一组>></a></sapn>';
    echo '</td></tr></table></div>';
    }
}} catch (Exception $exc) {
    echo '<font color=red>出错啦：！'.$exc->getMessage().'</font>';
}
```

getfloornext.php 在单击"下一组>>"超链接时，在 JS 脚本中通过 XMLHttpRequest 对象请求，生成下一组图书的展示数据。其实现代码与 showfloors.php 类似。（源代码：\chapter10\getfloornext.php）

10.4.6　实现购物车功能

购物车功能用数组来实现，每个数组元素保存一种图书的 id 和购买数量。购物车数组变量保存在 Session 对象中，用户无需登录即可使用购物车功能。只在用户将购物车内容提交为订单时，才需要用户登录。

1．实现购物车创建和添加商品功能

addtocar.php 实现购物车创建和添加商品功能，其代码如下。（源代码：\chapter10\ addtocar.php）

```php
<?php
/*购物车保存在 Session 中,每种商品用一个数组元素保存商品 id 和数量
 * 用户在页面中单击"添加到购物车"超链接时，脚本将一个商品加到购物车中
 * 在商品详细信息展示页面中，也可将指定数量的商品添加到购物车中*/
try{
```

```
if(!isset($_GET['bookid'])) exit;//请求参数中没有图书id时，不执行后继操作
$bookid=$_GET['bookid'];//获得请求参数中的图书id
$number=$_GET['number'];//获得请求参数中的购买数量
$item=array('bookid'=>$bookid,'number'=>$number);//创建商品数组元素
$car=array();
if(isset($_SESSION['car'])) $car=$_SESSION['car'];//取得Session对象中的购物车
$has=false;
for($i=0;$i<count($car);$i++){ //检查是否存在相同的商品，相同商品增加数量即可
    if($car[$i]['bookid']==$bookid){
        $car[$i]['number']+=$number;    $has=TRUE;
    }
}
if(!$has)   $car[]=$item; //在无相同商品时，添加新的商品数组元素
$_SESSION['car']=$car;//将购物车存入Session对象
//输出购物车中商品种类数量，该数据会显示到导航栏的"我的购物车"超链接中
echo count($car);
} catch(Exception $e){ echo 0;}
```

2．实现购物车内容查看功能

在导航栏中单击"我的购物车"超链接时，可查看购物车内容，如图10.7所示。

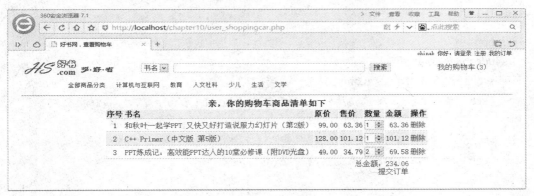

图 10.7　查看购物车

查看购物车时，可在打开的页面中修改商品数量、删除商品和提交订单。

下面对购物车各功能的实现文件分别进行介绍。

- user_shoppingcar.php：实现购物车内容查看页面。（源代码：\chapter10\user_shoppingcar.php）
- getcarcontent.php：以表格方式返回当前购物车信息显示在页面中。（源代码：\chapter10\getcarcontent.php）
- changenumincar.php：修改购物车商品数量。（源代码：\chapter10\changenumincar.php）
- deletefromcar.php：删除购物车商品。（源代码：\chapter10\deletefromcar.php）

限于篇幅，请读者自行实现或者阅读本书提供的源代码。

3．实现订单提交功能

在查看购物车时，单击页面中的"提交订单"超链接，使购物车内容生成订单，保存到订单数据表中，同时在页面中显示订单号和收货人信息，并允许用户修改收货人信息，如图 10.8 所示。

图 10.8　订单提交、查看及修改收货人信息

购物车数组被序列化为字符串存入订单数据表，同时订单记录中保存了收货人信息和商品总金额。

订单提交功能主要由 submitorder.php 实现，其关键代码如下。（源代码：\chapter10\submitorder.php）

```
<html>
……
<body>
<?php
include 'pageheader.php';
if(!isset($_SESSION['username'])){
    echo '亲，你还未登录，请先<a href="user_showlog.php">登录</a>在提交订单！';
}
if(!isset($_SESSION['car'])){
    echo '请，你的购物车还是空的！';exit;
}
$username=$_SESSION['username'];
$totalprice=$_SESSION['totalprice'];
$car=$_SESSION['car'];
$scar= serialize($car);
$cdate=date("Y-m-d H:i:s");
$sql="select * from users where name='$username'";
$dsn="mysql:host=localhost:3306;dbname=onlinemall";        //构造 DSN 字符串
try {
    $pdo=new PDO($dsn,'root', 'root');
    $pdo->setAttribute(PDO::ATTR_ERRMODE, PDO::ERRMODE_EXCEPTION);
    $pds=$pdo->query($sql);                    //执行查询
    $rows=$pds->fetchAll(PDO::FETCH_ASSOC);//将查询结果读取到变量$row 中
```

```
    $user=$rows[0];
    $userid=$user['id'];
    $receiver=$user['receiver'];
    $address=$user['address'];
    $phone=$user['phone'];
    $sql="insert into orders values (null,'$scar','$cdate',"
            . "$userid,0,'$receiver','$address','$phone',$totalprice)";
    $pdo->exec($sql);
    $sql="select id from orders where user_id=$userid and orderdate='$cdate'";
    $pds=$pdo->query($sql);                    //执行查询
    $orderid=$pds->fetchColumn();//将查询结果读取到变量$row中
    unset($_SESSION['car']);//保存订单后删除购物车
} catch (Exception $exc) {
    echo '<font color=red>出错啦：！'.$exc->getMessage().'</font>';
}
?>
<div style="width:524px;margin:0 auto;padding:10px">
    <div class="item">订单编号：  <?=sprintf("%08d",$orderid)?></div>
    ……
</div>
</body>
</html>
<script language="javascript" >
    //getxmlhttp()函数创建 XMLHttpRequest 对象，存入变量 xmlhttp
    function getxmlhttp(){
        ……
    }
    //updateclos()函数请求服务器端的 updatetablecol.php 修改收货人信息
    function updateclos(colname,orderid){
        ……
    }
</script>
```

提示：

限于篇幅，其他功能模块的实现不再介绍，留为习题，读者可参考本书提供的源代码学习。

10.5 习题

（1）实现图书详细信息展示模块，如图 10.9 所示。（源代码：\chapter10\ showbookdetail.php）

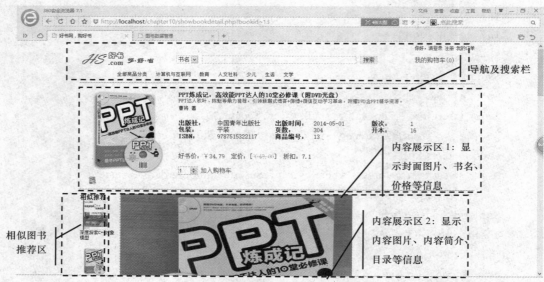

图 10.9　提交订单、查看修改收货人信息

具体要求如下。

- 在页面顶端显示导航及搜索栏（包含 pageheader.php 即可）。
- 在内容展示区 1 中显示封面图片、书名、促销信息、出版社、出版时间、班次、包装、页数、开本、ISBN、商品编号、价格、加入购物车超链接等内容。多个封面图书用小图标显示，鼠标光标指向小图标时显示大图。
- 在内容展示区 2 中显示与内容有关的促销图片、内容简介和目录等信息。

（2）实现订单管理功能。订单管理页面如图 10.10 所示。在页面中可删除订单。鼠标指向收货人姓名时，可显示联系电话和收货地址。（源代码：\chapter10\ user_showorders.php）

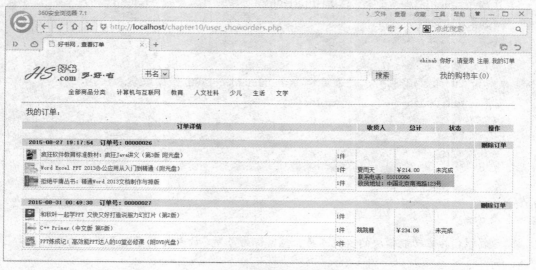

图 10.10　订单管理页面